The Life & Love of The Sea

海のミュージアム
地球最大の生態系を探る

Lewis Blackwell

ルイス・ブラックウェル［著］　千葉啓恵［訳］　　　　創元社

CONTENTS

017　イントロダクション ── 始まりも終わりもない海への旅

028　テーマⅠ　起源 ── 地球と海の始まり

058　テーマⅡ　関係 ── プランクトンと海流

092　テーマⅢ　野生 ── グレート・バリア・リーフと生物多様性

134　テーマⅣ　深海 ── 広大なる人類未踏の世界

162　テーマⅤ　利用 ── 資源としての海

180　テーマⅥ　美女と野獣 ── 文学・音楽・絵画に見る海

196　テーマⅦ　水平線の向こう ── 環境保護と未来の海

216　引用句
223　写真
235　参考文献

How inappropriate to call this planet Earth
when it is quite clearly Ocean.

—— Arthur C. Clarke

この惑星を

地球と呼ぶのは

どんなにおかしなことか。

"海球"であることは

明らかなのに。

―― アーサー・C・クラーク

イントロダクション ── 始まりも終わりもない海への旅

　海について紹介する必要などないかもしれない。海は私たちの歴史であり、体内に感じるものだ。私たちはある意味では海の生物であり、神話では人間と海の強い結びつきが語られる。化学の面でも興味深く、さまざまな賢人が血液と海水の成分の類似性について述べてきた（ナトリウムと塩素が両者に含まれることには注目したいが、共通するその他の微量元素と同じく濃度は大きく異なる）。こうした説によって海との絆を証明できると考える者はもうほとんどいない。今では、海は人間よりも重要で、この地球という尊重すべき星を制御していることがわかってきた。しかし、海について紹介する必要がないのは、生物学的な理由というより心理学的な理由からだ。私たちは海を愛し、切望し、時には恐れる。海は私たちの記憶に深く刻み込まれている。「海」という言葉を聞くと、すぐに波の音や潮の匂い、流れる水の官能的な感触や、いくつかのエピソードが呼び覚まされる。私もその言葉から、あれこれと思い出す。5歳の時はイギリス東海岸の干潟に立ち、遠くにある謎めいた引き潮の線を眺めていた。場所が変わって紅海では初めてサンゴ礁を訪れた。通りがかったカメがヒレをゆっくりと動かして、青緑色の水底に消えていった時の感動ときたらなかった。次に思い浮かぶのは、地中海のジリオ島沖のスキューバ・ダイビングで見た、水深20ｍのレ・スコレというサンゴ礁に立つ聖母マリアの小像だ。そこは今では、2012年に大型豪華客船コスタ・コンコルディア号が座礁し、32人が死亡したことで有名になってしまった。去年はバンクーバー島西岸のクラークワット・サウンドで、濃霧の中で船に乗るという少し馬鹿なこともした。船長が、すべての船が戻ってこられるわけではないし、海は無慈悲な女王であることを思い出させる間の悪い話をしている最中に、他の人が怖がっていたことを思い出す。まるでスマートフォンの写真を指でスライドさせているとそれが突然動画に変わり、匂いや感触に包まれるようなものだ。ここではスマホはいらない。魔法の言葉だけでいい。海──目を閉じて、その瞬間を待ってみよう。

　厄介な疑問もあるかもしれない。sea（海）とocean（大洋）はどう違うのかといったようなことだ。この答えはややこしい。この2つの言葉をはっきりと使い分ける地域もあるし、同じ意味で使うことも気軽に言い換えることもある。世界の大洋は地球の71％を覆う巨大な水の塊であり、太平洋（最大）、大西洋、インド洋、北極海（最小）と場合によっては南極海に細分されている（太平洋、大西洋、インド洋を南極まで広げれば、南極海をこれらの

大洋に含めてしまうこともできる）。ところが実際に大洋を見た時は、誰もが「すごい海だ」と言うだろう。そう、海でも大洋でもいいのだ。実際、共用資源の使用について各国の統制を目的とした「海洋法に関する国際連合条約」でもoceanではなくseaという言葉を使っている。海と大洋はその時々で言い換えることができる。「7つの海」という言い方も、太平洋と大西洋を南北に分けて数えたものだ。だが、ここで言う「7つの海」は現代のもので、探検家が世界は広大な大洋に覆われた球体であるという知見を急激に広めた大航海時代（1450 〜 1650年頃）の水夫にとって、7つの海は違うものだった。当時は四大洋に地中海と、その頃発見されたカリブ海、メキシコ湾を加えて7つの海と呼んでいた。古代ギリシャ・ローマ時代のヨーロッパ人にとっても違っていた。太平洋と北極海はまだ発見されていなかった。彼らにとって7つの海は地中海、アドリア海、紅海、黒海、カスピ海、ペルシャ湾、インド洋だった。

とはいえ現在、海（sea）と大洋（ocean）をできるだけ区別する場合、より正確に言えばseaは部分的に、またはほぼ完全に陸地に囲まれた水域を指す言葉になる。そのため、地中海やアラビア海、タスマン海、北海、バルト海、バレンツ海、オホーツク海などと呼ぶ。どの大洋も端に当たる部分には多くの海がある。しかし、この定義でサルガッソ海を海としてしまうと、少しつまずきが生じる。北大西洋西部にあるサルガッソ海の範囲は、陸地ではなく北大西洋環流によって決まっているからだ。「海」とつかない海も多い。ビスケー湾（そもそも湾ではない）や英仏海峡、グリーンランド-アイスランド間のデンマーク海峡や、シチリア島とイタリア半島の間にあるメッシーナ海峡などだ。風変わりなものもある。例えばグレートオーストラリア湾は海のようにも見えるが、実際には大陸と大洋が接する湾入部にある長さ数百kmの海岸線に過ぎない。これらの海はどれも、大洋の一部が陸地に囲まれた縁海だ。しかし、カスピ海やアラル海、死海、ソルトン海（日本ではソルトン湖とも言う）などのように、陸で囲まれて大洋とはまったくつながっていない場所も海と呼ぶことがある。そう、これらはどれも塩水なのだ。それで道理がわかったと思えば、淡水のガリラヤ海もある。湖だが海と呼んでいるのだ。五大湖やバイカル湖はもっと大きいのに、海と呼ばれることはない。

つまり、「海」というのは肩書きのようなもので、正確な定義というより尊称なのだ。例えばカリフォルニア州のソルトン湖は人間の心の中では海であり、その塩辛さのために海と呼ぶのにふさわしい。淡水の生物が死ぬような場所は湖よりも海と呼んだ方がいいだろう。一方、スペリオル湖は十分に大きくて有名で2つの国と接しているのに、海に格上げされていない。もちろんどんなに広大で水量が多くてもスペリオル湖は淡水だ。間違った呼び方をされているガリラヤ海（ガリラヤ湖、またはティベリアス湖と呼ばれることもある）は別として、塩辛いことは海の重要な条件となる。海水は塩辛い。海の空気も塩辛い。海の幸は塩水が育んだものだ。テーマをはっきりさせるために言っておきたいのだが、縁海や内海など、どんな種類の海でも私たちにとっては興味深い。これらの海（未知の部分が数多く残されている生物界最大の場所）の自然や文化についてさらに知りたいと思う人は、本書のページをめくって新たな発見や再発見をすることになるだろう。

本書は「起源」の章、「これらの水はどこから来たのか?」という疑問から始まる。生命の始まりは？ そこからの道のりは？ 私たちの意識を広げ、頭が爆発しそうな長い時間を一気に俯瞰する。海の歴史は地球の始まりへと遡る旅でもあり、そこでの生命のスケールは想像を絶するものだ。人類の物語はほんの小さな断片に過ぎず、本書の途中で短く触れるだけだが、そこからも先はまだ長い。人類が物語から脱落しないことを願おう。

続く「関係」の章では、海がどのようにしてあらゆる生命を生み出す根本的な要因となったのかを明らかにする。植物プランクトンから始まり、ほとんどの生物が何らかの形で（食物や酸素を生み出すサイクルの一部として）依存している「食物連鎖」を辿ってみよう。また、水流によって世界中を移動するエネルギーの旅もある。これはあらゆる場所の気候と天然資源に影響を与え、快適な地球環境から国家の経済まであらゆるものを形作っている。

「野生」の章では海中のさまざまなレベルの生物と、彼らの相互関係に目を向ける。グレート・バリア・リーフから浜辺の潮だまり、豊かな南極海の凍りつくような深部まで、海は驚くほどのつながりを持ち、一方では分かたれている。地球上のどこでも見られるような方法で暮らす生物もいるが、海中には孤立した場所で暮らす信じられないほど変わった生物もいる。

このことについては「深海」の章でより明らかになるはずだ。ほとんどの大洋は水深200m以上で、そこにはまだ精査されていない広大な場所が広がっている。この章では、海のしくみは表面から見えるものとはまったく違うことがわかるだろう。深海のさまざまな事実を知ると、生命を構成しているものは何かという根本的な考え方が揺らぎ始めてくる。深海は闇一色の世界で、一般的な法則は当てはまらない。昔から言われてきたように、私たちは海の底より月の裏側についてよく知っている。また、現在調査中の画期的な発見についても紹介する。

野生の世界とは対照的に、人間が作り上げようとしてきた海の世界もある。これについては「利用」の章で取り上げる。人類は最初から海によって体と心を培ってきた。食料採集者や漁師、農民、科学者として、海や川から巧みに資源を引き出してきた。同時に、海がどのように作られたのか、どんな生物がいるのか、海中や海上でどのように生活するのかなど、海に対する想像をどんどん膨らませてきた。だが、好き勝手に振る舞う時間は終わりつつあるようだ。海を育み、生産性と持続可能性を高めるにはどうしたらいいのか？　この章では、人間が海とともに、また海と離れた新しい生き方を始める方法の手掛かりとなる注目すべき生物や人々の活動、科学について紹介する。

海の可能性を巡る想像は、物的世界のみならず芸術の世界にもおよぶ。海への夢や、海は人間にとってどんな意味を持つのかといったことが、文学や音楽、絵画などの創作活動を刺激してきた。海は愛であり、憎しみであり、恐怖であり、願いである。海は物思いにふける場所であり、人を打ち負かすものでもある。H.D.ソローが「野生によって活力を得る必要がある」と述べた時に念頭に置いていたのは自分の池と森のことで海のことではなかっただろう。しかし、解明が進む一方で、海は現在もこの世界の大いなる未開の地であり続けている。海は常にそこにあるが、常に最も手つかずの場所だった。かつては既知の世界の境界であり、今でも（未知の種だけでも）何百万もの秘密が残る。芸術家にとってはいつの時代も思いを巡らすに足る魅力的な場所だ。「美女と野獣」の章では彼らが海について見い出したものを紹介する。

最後は、海の彼方に少しだけ目を向ける。「水平線の向こう」の章では、海の未来について考えよう。海の絶大な資源は人類の、また全生物の未来の根幹に関わっている。しかし、大いに懸念されているのが海の脆弱さだ。人類は搾取から新たな関係へと移行できるのか？　もちろん絶望することはない。この章では有望な事実についても紹介する。

最後に……話は尽きることがない。本書によって、海流のように途切れることも終わることもない旅に出かけよう。そこには始まりも終わりもない。どこからページを開いても一周できるはずだ。別の流れに気を取られたり、考え方が変わったりして遠回りすることもあるだろう。そういう意味では、本書はどこから読んでもいいようにできている。好きなように読んだり何かを感じたりしてほしい。私自身そういうタイプの読者であるし、驚くような写真を載せた本はふとのぞいてみたくなるものだ。ざっと眺めてもじっくり読んでもいい。少し泳ぎまわったらまた船に乗り、別の海へ航海してから錨を下ろしてしばらく休み、眺めを楽しむ。そこに決まった針路はない。大体のことは誰もが知っているし、最後にたどり着く結論はほとんど同じだ。本書が乗組員と装備の整った、探検の案内役となる地図をたくさん積み込んだ船となっていますように。さあ、さっそく航海に乗り出し、気の赴くままにあちこちを眺めてみよう。風とともに進み、アイデアの急流に乗り、時には一休みして、気分を新たにできることを願っている。

海の眺めを楽しむのは何ら悪いことではない。
ただ、水中で何が起きているのかに気づいた時に、
海の本質を見逃していたと思い知ることになる。
表面だけに留まっているのは、
サーカスに行ってテントの外側を見つめるようなものだ。

―― デイブ・バリー

テーマI　起源 —— 地球と海の始まり

　地球に水が存在する理由は、ちょっとした謎となっている。だが、ここ数十年でその謎も少しずつ解明が進んできた。私たちは水の貴重さを忘れがちであり、水のようなものが存在すると考えられる太陽系の数は、推測によってまちまちだ。ただ、この太陽系にあるほとんどの惑星にはまったく水がないか、ごくわずかしかないという見方が強まっている。つまり、地球の海や川や湖を満たし、生命が生まれ繁栄する状況を作り出した量にはとてもおよばないということだ。水は地球が始まった時から存在していたと考えられている。40億年以上前の地球上に何が存在していたのかは、ある鉱物と放射能年代測定のおかげでおよそわかるようになってきた。

　ジルコンは人気の高い宝石だ。宝飾品としての歴史は長いが、最近はダイヤモンドの代用品として、いささか低い評価を受けている。宝飾品よりずっと貴重な存在なのに、ずいぶんな仕打ちだ。ジルコンは地球の最古の歴史を知る強力なツールであり、遠い過去からの使者でもある。古代の地球の物語を知る助けとなるだけでなく、最初の海がいつ、どんな形で存在したのかを示す大きなヒントも与えてくれるのだ。

　地球の地殻にはさまざまな色の石が含まれている。ジルコンは化学的に安定していて放射能の半減期が長いため、時空を超えた証人の役割を果たすことができる。ジルコン中の微量のウランやトリウムといった放射性元素の崩壊を利用すれば、ジルコンを含む岩の年代を決定できる。数百万年の間に何が起ころうとも——侵食されて砂になろうと、熱によって別の種類の岩へと変成されようと——ジルコンの結晶はとても丈夫で安定した形を保つが、放射性元素は時計のように正確に崩壊していく。利用できる時計が1つだけではないのも好都合だ。ジルコンの中では異なる形のウラン（235と238）が別々の速度で崩壊するため、経過時間をクロスチェックできる。地球の年齢は、ジルコンの分析もあって約45億年と推定されている。さらに言えば、一部のジルコンの酸素同位体比から、地球の誕生直後にはすでに水が地表に存在していたとする説もあり、議論を招いている。

　地球の起源を想像するのは難しい。はるか昔のことであり、惑星の進化の各段階にかかった時間の長さを可視化する方法はない。地表では数十億年の間にあまりに多くの変化が起き、ジルコンの分析と他の放射年代測定法による解析以外にそれらの証拠

を見つける方法はない。40億年以上前の古い岩は残っていないので、地球が誕生したと考えられている時期との間には約5億年分の空白があるが、海の起源もちょうどその頃だ。

最初の数億年、あるいは10億年の間に地球で起きたことについてはさまざまな主張がある。年代測定の精度は日進月歩だが、こうした断片的な情報の解釈のしかたについては、たった1つの出来事であっても専門家の意見がなかなか一致しない。海の起源については主に2つの理論がある。最も広く支持されているのは、地球が冷えるにつれて水が出現したというものだ。この説によれば地表を覆っていた多数の火山が爆発してガスなどが噴出したが、そこに水が含まれていたという。その後、内部がいくつもの層に分かれて地球の構造が出来上がった（地球は鉄を主とする物質でできた核、マントル、花崗岩と玄武岩を主とする堅い地殻などの層から成ると考えられている）。この「脱ガス」プロセスは人間で言うとげっぷのようなものであり、地球は熱い有毒ガスの雲に包まれていた。これは、現在考えられている金星の状況と似ているかもしれない。金星の表面は、決して凝集することのない超高温のガスでできたぶ厚い雲の嵐に覆われている。しかし、地球では数億年にわたる冷却によってガスが凝集し、長々と降り続いた雨によって水が地表を覆い始めた。

もう1つの有力な説では、水は別の場所からやって来たとする。彗星などの他の天体（巨大な氷の塊のようなもの）が、地球に衝突して地表で溶けたと言うのだ。しかし、それによって地球上の水の量はせいぜい20%くらいしか増えなかったと考えられている。そのため、ドロドロの溶けた塊として誕生した地球が冷える間に、火山の放出物から水が分離したという「脱ガス」理論の方が主流となった（現在の火山噴火でも、他の高温の物質とともに水蒸気の大きな白い雲が生じる「脱ガス」の過程を見ることができる）。

原始の地球は溶けた塊だったという考え方に加え、最近のジルコン分析によって「クール・アーリー・アース理論」も唱えられるようになった。この理論は、原始の地球に爆発が多く活動的だった時期があったことを否定するのではなく、そういう時期は実は短期間だったとするものだ。ジルコン中の酸素同位体から得られた証拠では、これまで考えられていた時点より前に地表に液体の水があったことが示された。この理論では、地球は誕生から2億年も経たないうちに（つまり40億年以上前に）十分に冷えて、海の形成が始まったとされている。

この地質時代の最初の期間は冥王代と呼ばれていた——火山が噴火し、人の住めない灼熱地獄という意味だ。しかし、バレーとペック、キングらは2002年に『ジオロジー』誌に発表した画期的な論文で、冥王代という言葉は不適当だと否定した。「当時の地球は『地獄のよう』ではなく、最古の生命体に適していた可能性がある」。彼らは、地球の最初期の5億年間は非常に温暖な状態が長期間続き、その間に水が地表で液体になった可能性があると考えている。こうして最初の海が形成され、生命を育む最古の場所となったと言うのだ。

地球が生命のるつぼとも言える珍しい場所になったのは、たまたま運がよかったからだ。太陽からの距離がちょうどよかったために暖かく、もっと遠くにある惑星のように永遠に凍りつくこともなく、水星のような焼け焦げた岩の塊や金星のような灼熱のガス溜まりになるほど熱くなかった。水があり、沸騰しても地球の重力が十分に大きかったために、大気とともに地上に留まっていた。さらに、大量の大気と、地核によって生じた磁場のおかげで、地表は紫外線と太陽放射から守られた。生命が出現する土台はあったが、初期の海は私たちの知るような生命に適したものではなかっただろう。水蒸気が凝縮して海を形成し始めた時にも、他のガスはそのまま残って呼吸できない気体の厚い層を形成した。おそらくガスの主成分は水素で、二酸化炭素や一酸化炭素、硫化水素、アンモニア、メタンなども多かったため、大気は高温で有毒だっただろう。今でも、それらのガスの一部は低レベルの火山活動でよく放出されている。太陽は有毒な厚い雲の層に隠れてしまっていた。たまに直径500 kmほどの隕石が衝突して気温が

> 海は無限であり不滅であり、
> 地球上の万物の始まりと終わりである。
> ──ハインリッヒ・ツィンマー

急上昇し、その後低下した。暴風雨は数千年間も続いた可能性がある。

　そんな中でも特に注目すべきなのは、生命の構成要素が確立されたことだ。40億年前には巨大な海が存在していたようだが、当時の構造プレートは比較的平らで互いにぶつかり合ったりしておらず、現在のような海底山脈も形成されていなかったので、今と比べると水深は浅かった。陸地にはほとんど何もなく、初期の地球の表面は水が90％以上を占めていた。

　どの地質学者も最初にできた陸塊がウル超大陸であることは認めている。ただ、ウル超大陸が目立つのは、他に競争相手がいなかったからに過ぎない。その存在を示す証拠はマダガスカルやインド、オーストラリアの岩から見つかっているが、大きさはオーストラリアの半分以下だった。約30億年にわたって存在したウルは、最も長く存在した大陸という称号をこの先も保ち続けることだろう。厳しい寒冷化が起きると氷に覆われた部分が広がり、地球は何度も「全球凍結(スノーボールアース)」となった。

　地球の誕生から現在までのほとんどの期間、地表の姿は現在とは大きく異なっていた。ウル大陸の後、特に地殻変動の時代にはさまざまな大陸が出現したが、それらは一度合体してから再び分裂し、地表をさまよった後にまた衝突し合って新たな超大陸を形成した。それも数億年後には分裂し、さらに数億年間漂ってからまた違う大陸と合体した。大陸は今でも地殻の下にある熱いマントルの対流によって動き続けているため、遠い未来には現在の大陸にも同じようなことが起きるだろう。地殻を構成する構造プレートが地球内部からの力で動き続けていることによって、火山噴火や地震が起きる。実際、今この瞬間にもたくさん起きているが、海面から数km下で起きていることが多いので私たちはめったに気がつかない。

　陸地が出現して移動し、少しずつ広がって現在のように地表の30％近くを占めるまでの間、海では何が起きていたのだろうか。まず、海はどうして塩辛くなったのか？　これは、周囲の岩石に含まれていたナトリウムなどの鉱物が、地上に降った真水に洗い流されて海に入った時、最初の海が塩酸を含む酸性だったために化学反応を起こして塩ができたからだと考えられている。鉱物は

テーマⅠ　起源

035

今でも海に流れ込んでいるが、海がさらに塩辛くなることはない。海水に含まれる鉱物の濃度は長期間ほぼ安定していたようだ。現在の理論では、新たな塩分が追加される一方で他の塩分が海底に沈んだり化学反応によって水から取り除かれたりして循環するため、海の塩分濃度は何十億年も変わっていないとされている。このバランス循環理論によって、追加される塩分量を推定し、塩辛くなる前の元々の数字を逆算すれば、地球の年齢を明らかにできるという考え方は否定されてしまった（1715年に科学者のエドモンド・ハレー卿が初めて提唱した理論だが、現代でも、地球は科学者が言うよりずっと若いと主張する天地創造説支持者などが時折むし返すことがある）。

こうしたプレートの移動と陸塊の出現とともに、海は深くなり始めた。プレートや陸塊が衝突し合うと海底の高さが変わり始め、現在存在する巨大な海底山脈が、主にプレートの境界に沿って少しずつ作られていった。大陸の衝突がもたらしたヒマラヤ山脈のような山脈は地上でも見られるが（現在も衝突が続いているためエベレストは高くなり続けている）、海の下ではもっと高い山や深い溝が生じているのだ。これが何度も起きた結果、現在のようなプレートのパッチワークが出来上がり、つなぎ目はでこぼこだらけになった。例えば、西太平洋のマリアナ海溝は地球で最も深い場所で、一番深いところは水深約11kmに達する。だが、これはほんの1億7000万年前に太平洋プレートがマリアナプレートの下に押し込まれたことで形成されたものだ。プレートが引き離されて火山が出現した場所もある。陸上ではシベリアのカムチャッカ半島やアイスランドなどが好例だ。しかし、「海洋底拡大」プロセスが起きている深海では、その数はずっと多い。つまり、深海の中央海嶺の近くでは、プレートが少しずつ引き離されているためにマグマが地殻から流れ出し、人間の知らない火山がほとんど絶え間なく海中で噴火している。

マリアナ海溝のような深海の存在は、地球上の生命の起源に関する理論に影響をおよぼしてきた。かつて、深海の海底は真っ暗で温度が低く酸素が乏しいため、生命は存在しないと考えられていた。しかし、最近の調査でさまざまな新種が発見され、未発見の生物も多いと考えられている。彼らはほとんどの生物が決して行けない場所で栄えている。比較的大きな生物は奇妙で不思議な、私たちの目にはかなり恐ろしい姿形をしている。しかし、科学者が生命の起源を考える中で特に興奮したのは、細菌の暮らす一見地味な場所だった。細菌のように単純な生物が、大規模な地熱活動によって生じた深海の熱水噴出孔の周りに住むことができるなら、初期の生命体も「原始スープ」を利用できる環境で酸素に依存せずに出現したのかもしれない。岩や化石からは35億年前の生物が作り出した物質が発見されているが、彼らは現在の海とは違う、今の生物にとっては非常に住みにくい環境に存在していたのだろう。

初期の生命は、水ではなく泥のようなものから出現した可能性もある。例えば、スクリップス海洋研究所のグスタフ・アレニウスは、生物特有の炭素同位体組成を目印に、38億7000万年以上前の堆積岩から生命の証拠を発見し、さらに前に遡る証拠を探し続けている。他の研究者は、生命はナトリウムが豊富な海ではなく、火山泥流（陸上だけでなく水中でも生じることがある）の近くにあるカリウムの豊富な環境で生じた可能性が高いことを明らかにした。2012年、アルメン・Y・ムルキジャニアンが率いる研究チームは、「私たちの分析結果は、最初の細胞は海洋環境で進化したという通説に反するものだ」と報告している。しかしムルキジャニアンらは、細胞からなる最初の生物はこうした熱い泥流で生じた可能性が高いとする一方で、より頑丈な構造を持つよう進化したからこそ、さらに高度な生物になることができたと付け加えた。「膜に包まれた生物が海に侵入しなければ、生命が惑星規模の現象に変容することはなかった」。

こうした初期の生命体は何度も出現した可能性がある。地球は他の天体との衝突による大変動を何度も経験したようだし、初期の生物はそのために何度も消滅したことだろう。しかし、ある時点で生物は持ちこたえ、単細胞の祖先から進化し始めた。

今も、進化の奥深い物語が私の鼻先を通過している。夏の間、クリスマス・デイ・レース（クリスマスの朝にロンドンのハイドパークにある湖で開かれる水泳大会）のために、私はロンドンのハムステッド・ヒースにある池に好んで泳ぎに行く。野外でカモや白鳥、アオサギといっしょに冷たい水に入るのは素晴らしい経験だ。しかし、暖かい季節は水面にアオコが繁殖し、健康上の理由で水泳が禁止されることがある。人間に有毒なアオコは泳ぐ者にとっては邪魔者だが、私たちはこの遠い親戚をもっと歓迎すべきかもしれない。というのもアオコ、正確に言えばシアノバクテリア（藍藻、藍色細菌とも呼ぶ）は存在が確認されている最古の生物だからだ。シアノバクテリアは、海から南極大陸を含むすべての大陸の土や岩まで、あらゆる場所にいる。最古の光合成生物と考えられていた時期もあり、その出現は私たちの身近にある生物へと向かう重要な段階だったと考えられる。光合成は、現在の植物が日光のエネルギーを栄養に変えるために行っている方法だ。シアノバクテリアをはじめとする酸素発生型光合成生物によって大気中の酸素が増え始めると、新たな生命体に適した環境が生み出された。

初期の細菌の中には、こうした大気の変化によって死滅したものもあるだろう——進化には勝者と敗者がつきものだ。その時期については議論が続いている。岩に似たストロマトライトという堆積物中の化石によれば、シアノバクテリアは35億年前から存在していた可能性がある。シアノバクテリアの存在を明確に示す最古の証拠は21億年前のものだが、約23億年前に起きた「大酸化イベント（大気中への酸素の恒久的な蓄積が起きたとされる事象）」の重要な原因になったと考えられるため、さらに前から存在していた可能性がある。それ以前は、大気中の酸素濃度は1％以下だった——現在は約21％だ。光合成生物はメタンを減らして酸素を増やし、生物の多様化と、立派な顕微鏡がなくても見つけられるような生物の出現に適した環境を作り出した。それでも、ほとんどの生物は未だに極めて小さく多細胞生物の種類もごくわずかだった。だが、約5億4000万年前に急激な変化が起きた。「カンブリア爆発」だ。多細胞生物を含む多くの新種がこのとき急激に出現した。遠い昔のことだと思うかもしれないが、実際には地球上の生命の歴史が8割方進んだ頃の出来事だ。

カンブリア爆発（カンブリア大爆発とも言う）によって生物の分布域は大きく拡大し、主な生物グループの土台が築かれた。初期の単純な単細胞生物と多細胞生物がみるみる枝分かれし、2000万年ほどの間に今日見られるほとんどの種類の生物が登場したのだ。こうした初期の種はとうの昔にいなくなったが、化石のおかげで現存するさまざまな動植物の起源を遡ることができる。最古の海洋多細胞生物の多くは、バージェス頁岩というとりわけ有名な化石の産地で見つかっている。1909年、カナダのロッキー山脈でこの宝の山が発見された。バージェス頁岩は、5億年以上前に海底の崖の下に土砂が一気に流れ込んで堆積し、その結果生じた泥岩が露出した場所と考えられている。この化石群は時とともに他の地層の下に埋もれたが、その後ロッキー山脈沿いの各所で再び姿を現した。バージェス頁岩での化石の発掘によって、さまざまな理論が生み出されてきた。スティーブン・ジェイ・グールドは、これらの化石はカンブリア紀の生物が現在よりもずっと多様性に富んでいたことを示していると述べたが、一方で、どの化石も現代の生物群とつながっているように見えるという反対意見もある。化石化したカイメンや蠕虫（ぜんちゅう）、さまざまな甲殻類、ヒトデ、さらにはクラゲのような生物はどれも、今日よく見かける海洋生物の祖先にあたる。最近になって中国の澄江（チェンジャン）で発見された帽天山（マオティエンシャン）頁岩の素晴らしい化石層は約5億2500万年前のもので、こちらも多様性の出現という概念を裏付けている。その最も重要な化石の中には、初期の脊椎動物——私たちのはるか遠い祖先——も含まれている。

しかし、生物はなぜ、どのようにして、この時に豊かな多様性を発展させたのだろう。単純な答えはない——実際さまざまな理論があり、ある理論が否定されても新しい理論が登場してくる。注目すべきは、これが一夜にして起きたのではないことだ。現在では、多様性の急激な発達は5億4100万〜5億1500万年前のことだとされているが、これらの生物の出現につながる重要な土

> 海上に長くいると、
> 陸の匂いが遥か遠くから
> 呼びかけてくるが、
> 内陸に長くいる場合も
> 同じことが起きる。
>
> ── ジョン・スタインベック

台は、その前の先カンブリア時代に築かれていた可能性がある。エディアカラ生物群という失われた海洋生物のグループが謎の鍵を握っていると考えられるが、彼らはずっと前に姿を消し、その痕跡はほとんどない。6億年以上前の化石からは、この時に膨大な数の生物が出現し、その後失われたことはわかっても、それらが植物だったのか動物だったのかさえはっきりしないのだ。跡形もなく姿を消した他の未知の生物たち（化石化する状況になかったために多くが失われた）は、エディアカラ生物群の捕食者か獲物だった可能性があり、カンブリア紀に起きたことに影響しただろう。エディアカラ生物群は最古の複雑な多細胞生物だったと考えられ、地球で大きな変化が生じた時期に誕生した。気温の大変動や大気の変化、大陸の移動、海面上昇はどれも、生物の誕生とその後の絶滅、カンブリア紀の復活と関係しているはずだ。

最近まで、これらの初期の多細胞生物は軟組織だけでできていると考えられていた。しかし、こうした遠い時代に関する考え方は変わり続けている。2013年に調査されたナミブ砂漠の岩層は、カンブリア爆発の直前にあたるエディアカラ紀後期に海底にあった礁で、一部は骨格を持つ最初期の海洋生物によって作られたものであることがわかった。このクロウディナ属の動物は長さが約15cmでエンピツやミミズに似た形をしており、硬い外骨格を持っていた。研究チームを率いたエジンバラ大学の地質学者レイチェル・ウッドは、この生物は「空のアイスクリームコーンを積み重ねた」ような姿で、最後のコーンだけが生きているところは現在のサンゴに似ていたと言う。クロウディナには、サンゴやイソギンチャク、クラゲの祖先となったことを示唆する特徴がある。

つまり、海の生物は約6億5000万年前からどんどん増え始め、その後の1億5000万年間で比較的急速に進化したということだ。海は生物が誕生した場所だった。というのも初期の大陸は土に薄く覆われている程度で、ある種の微生物は広がっていたものの大きい生物や多様性のある生物はいなかったと考えられるからだ。

現在多くの科学者は、生命の爆発が起きた理由を1つだけ探すのではなく、さまざまな仮説を組み合わせた方がいいと考えている。急激な変化には、種が生き延びて繁栄するために新しい形

テーマ I 起源

質と多様性を発展させる、いわゆる「進化的軍拡競争」のような特殊な生物学的理由もあれば、気候の変化や地球の外部からの影響（異星人の到着ではなく放射線バーストなど）といった想像をかき立てられる理由もあるからだ。だが、さらに難解だが証拠に基づいた理論も重みを増しつつある、海面上昇によって多くの鉱物（特に骨の材料となるカルシウム）が侵食されて水と混じり、新たな生命体の生まれる状況が作られたことはもはや定説だ。大気中の酸素が次第に水と混じり合い一定の濃度に達したことも、数多くのさまざまな生命が生まれる状況を作り出したようだ。こうした要素が組み合わさって進化が次々に起きたと考えられているが、未知の要素も多く、カンブリア紀のどの時点で起きたのかもわかっていない。

　ここまで地球の生命についてざっと確認し、生きている海の物語をずっと追いかけてきたが、ここでようやく、私たちが知っている生物の起源にたどり着いたようだ。カンブリア紀から生き残っている種はないが、少なくとも5億年前に化石になったクラゲは現在の海にいてもおかしくないように見える。それでは、生物が辿ってきた道のりを見てみよう。

　節足動物はこの時期に出現し、多様性では既知のすべての種を圧倒している。彼らは外骨格に覆われた体節を持つ動物だ。そう、5億年以上前にいたちっぽけなエビの親戚か、エビにかなり近い祖先のことだ。すべての種のうち約80％は節足動物だと考えられている（陸上で最も多種多様な生物は甲虫類だ）。硬くて関節のある体が適応や生存を容易にしたため、海から出て陸に移った最初の生物には節足動物が含まれていた可能性が高い。こうした過渡的な生物の子孫がカニのような生物だろう。彼らは海底でも潮間帯の陸上でもうまくやっていける。

　三葉虫は、カンブリア紀に出現した初期の海生節足動物では最も数が多かったと思われるが、カブトガニはその遠い親戚かもしれない。三葉虫の仲間は化石堆積層で大量に発見される。その活動方法はさまざまで、捕食者だったものもいれば腐肉をあさっていたものもいるようだ。泳ぐものは初期のプランクトンを食べていたらしい。三葉虫は長期間栄えたが、約2億5000万年前のいわゆるペルム期-三畳紀絶滅（大絶滅）に絶滅した。大絶滅と呼ばれるのも当然で、それまでに進化してきた海洋種の96％が突然絶滅したと推定されている。この出来事によって当時の生物のほとんどが絶滅した。何が起きたのか？　正確にはわからないが、巨大な火山噴火によって大規模な温室効果ガスが発生し、気温の大幅な上昇によって水中の酸素が失われたために、ほとんどの海洋生物が死んだ可能性がある。水蒸気が火山ガスと混ざって生じた酸性雨は、森を破壊して栄養素を海に洗い流し、海洋生態系をさらに傷つけただろう。

　地球に起きたこれらの急激な変化を理解する際、地味だが科学者にとって非常に役に立つ海の生物の1つが、放散虫というプランクトンだ。放散虫は多数の種を経て変異してきたが、元々はカンブリア爆発まで遡る生物だ。放散虫の数の増減や多様性を示す微小な化石証拠から、何度も起きた変化の激しさが見て取れる。放散虫は存続したが、その時々の海水の酸素濃度に影響されて個体数は大幅に変化した。こうした微細な生物が地球上にどれほど広がっていたのかは、その死骸が厚いヘドロの層として海底を覆い、最後は圧縮されて岩になったことからもわかる。

　大絶滅は、生物の進化に大きな断絶をもたらした多数の絶滅イベントの中でも、最も過酷なものだった。しかし、生命は復活した。現在では、当時存在していた種の90％が絶滅し、丸ごと絶滅した科もあると考えられている。約6500万年前に起きた最後の大量絶滅では恐竜が絶滅したが、こうした出来事は規模は違えど20回ほど起きており、カンブリア爆発以降の海洋生物の進化に大きな影響をおよぼしてきた。そして、私たちの目の前でも絶滅は起きている。現在は「完新世の絶滅」の真っ最中なのだ（完新世は人新世と呼ばれることもある）。絶滅の原因は何か？　それは人間だ。しかし、このことについては後で触れよう。まずは生物の増加と減少、復活の物語をビデオの早送りのように最後の数コマまで眺め、現在の海洋生物がどこで出現し始めたのかを見

てみたい。

　カイメンは7億6000万年前の化石証拠から、現在わかっている最古の多細胞生物と考えられている。この化石は現在のカイメンと同じ種ではないが、はっきりした関係がある。彼らの子孫は、それから周期的に起きたすべての壊滅的崩壊を乗り越えた。クラゲも5億年以上前から存在する古くてずる賢い生物であり、カブトガニもだいたい同時期の生物だ。これらのグループの種はもちろん変化したが、基本的な形は変わっていない。

　堂々とした姿のオウムガイは、現在絶滅の危機に瀕している古代の生物だ。彼らはもっと大きかったグループの唯一の生き残りという孤高の存在なので、しばしば「生きた化石」と呼ばれている。オウムガイやイカ、タコ、コウイカなどを含む頭足類の祖先は、5億年前のカンブリア紀後期まで遡る。オウムガイは、体の外に外骨格としての殻を持つ唯一の頭足類だ。幾何学的な渦を巻いた殻の形と真珠色の模様が魅力的で、装飾品用に捕獲され、絶滅の危機が増している。装飾品コレクターには、本当に素晴らしいことは生きているオウムガイの体内で起きているのがわからないのだ。オウムガイはインド太平洋の熱帯水域にあるサンゴ礁の周辺、水深約600mのところで見られる。しかし、深海のほとんどの生物と違い、熱帯でも海水温が低い海域なら、水深5mくらいのところでも生き延びることができる。他のほとんどの深海の生物は、海面に引き上げられると圧力の変化によって体内が破裂し死んでしまう。しかし、オウムガイは対処できるらしく悪影響は見られない。それがなぜ、どうしてなのかは正確にはわかっていない。オウムガイは水中を進み浮力を調節する力を持つ。しかし、この古代の生物で最も驚くべきなのは、原始的な知能を持っていることだ。タコのような近縁の頭足類は知能がさらに発達している。食物を使った試験では、オウムガイは限定的ながら短期記憶と長期記憶の両方を持っていることがわかった。タコは数週間にわたってものを覚えていられるが、オウムガイは12時間を超えられない。オウムガイは5億年以上前から変わっていないので、過去を知る素晴らしい手段になる。海そのものの性質や広さ、深さなど、オウムガイを取り囲むものはすべてが大きく変化し、かつて共に生きていた動植物はとうの昔に姿を消してしまった。

　ほとんどの種は絶滅したが、他にも時を遡る目印として注目されている海洋生物がいる。カイメンやオウムガイほど古くはないが、驚くべき過去の遺物だ。例えばシーラカンス目は3億6000万年まで遡るが、恐竜とともにすべて絶滅したと考えられていた。しかし、1938年に南アフリカで1匹のシーラカンスが釣り上げられ、死者が生き返ったような騒ぎとなった。現在でもシーラカンスは時々インド洋で発見される。これは深海底引き網漁がどんどん侵略的になっているからだ。シーラカンスは2種が特定されているが、どちらも絶滅危惧種リストに載っている。シーラカンスが特に興味深いのは、多数のヒレのおかげで水中を驚くほどうまく動き回れるため、魚類と歩行する生物との間を結ぶ生物とされているからだ。この身体構造は、最初の四足動物へ進化する基盤となったと考えられている。

　別の古代魚としてはチョウザメもよく知られており、この科は少なくとも2億年前から存在する。チョウザメ科は25種あり、川や海岸線近くに住むものから淡水に留まるものまでさまざまだが、かつてはもっと大きなグループだった。人間がチョウザメの卵（キャビア）を好んで食べるせいで絶滅の恐れがあるとされていたが、養殖が増えているので、少なくとも一部の種は人間による飼育環境下で生き延びることができそうだ。チョウザメはどの種も北半球原産だが、ウルグアイや南アフリカの河川に導入する試みもある。

　ウミガメも人間のせいで絶滅に瀕している古い生物だ。これらの爬虫類は1億5000万年前から存在し恐竜とも関係がある。科としてのウミガメの歴史は、進化が直線的ではないことを示している。彼らは古い生物だが、海で生まれた祖先が一度は陸に上がり、再び海に戻って進化したものだからだ。生物がほとんど完全に絶滅し状況が大きく変化する事態が何度もあったことを考

テーマⅠ　起源

えれば、進化し直したり方向転換したりする必要があったのもうなずける。ほとんどのウミガメは植物やクラゲ、カイメンなどを食べる雑食性なので、海の広い範囲に住むことができる。ウミガメは回遊するので、その生活についてはあまりわかっていない。メスは産卵時だけ上陸するが、オスは一生を海で過ごす。渡り鳥と同じように地球の磁場のわずかな違いを読み取ることができるので、何千kmも旅しても行き先はわかっているようだ。

サメもかなり長い歴史を持つ。特に、ヘビに似た深海の住民で、サメとしてもかなり恐ろしい姿をしたラブカは1億5000万年以上前、それほど恐ろしくない姿のミツクリザメは1億1800万年前まで遡る。現生種と絶滅種を含むサメの幅広いグループは少なくとも4億2000万年前から存在し、最大でも体長20cmにしかならない小さなペリーカラスザメから、世界最大の魚で体長12mを超えることもあるジンベイザメまで500以上の種が含まれる。ジンベイザメは怖そうだが、プランクトンなどの小さな生物を濾し取って食べる濾過摂食者なので、人間には何の危険もない。過去最大のサメであるメガロドンは、時には大きなクジラも食べていた真に恐ろしい生物で、体長は18mに達することもあったと考えられている。その仲間とされる現代の海の恐怖、ホホジロザメも親しみやすく見えるほどだ。メガロドンは過去最大級の捕食者（いわば殺戮機械）だったが、変化に対処できず約260万年前に絶滅した。人類の祖先が木から降りてもいない頃だ。繁殖に対する寒冷化の影響や、環境の生産力が低下し食料が尽きたことが原因かもしれない。

現在の最大のサメはかつてのものほど大きくないものの、海洋生物の進化はコープの法則に従っている。コープの法則では、カンブリア爆発以来、種はどんどん大きくなる傾向があるとされる。この理論は19世紀のアメリカの古生物学者エドワード・ドリンカー・コープの名にちなんだものだ。彼は進化には一定の方向に進む傾向があり、同じ系統群では大きさが増加する傾向があると信じていたが、公に主張することはなかった（系統群とは進化系統樹で1つの共通祖先から進化したすべての種を含む生物群の

ことを指す）。スタンフォード大学は、存在がわかっているすべての種の60%以上を含む、1万7000以上の属の化石記録を比較してきたが、この徹底的なプロジェクトは2015年初めにようやく終了した。5年以上の時間をかけ多数の研究者やインターンシップ中の高校生の助けを借りて、海洋生物種には大型化するはっきりした傾向があることを確認できたのだ。理由はわからないが、進化に関して言えば、少なくとも海の中では大きいことはいいことなのだ。恐竜が地球を支配し、それから突然絶滅したことを考えると逆だと思うかもしれない。しかし、すべての証拠を厳密に調べた結果は、19世紀のコープによる比較研究を裏付け、この理論を拡大するものだった。カンブリア紀が始まってから、海洋生物の大きさは平均150倍になった。つまり、当時の小さな甲殻類は平均すると現在よりかなり小さかったが、現在の最大の生物であるクジラやサメやダイオウイカは、5億4000万年前の最大の生物よりずっと大きいということだ。すべての種が大きくなったのではないが、大きな種が他の種に分岐した結果、大型化は小さい生物よりもずっと速く進んだ。この路線がうまくいった理由についてはさまざまな理論がある。より大きな生物に、より大きな獲物を食べ、より強くより速くなるといった利点があった。また、酸素濃度が上昇したことで大きな体を発達させることができたのかもしれない。スタンフォード大学の分析は最近発表されたばかりなので、議論や研究が進むにはまだ数年かかるだろう。

本章では、最初の複雑な生物や生態系の出現について見てきた。といっても、膨大な時間の中のほんの一瞬に目を通し、そこに作用する力を知る1つの方法として、現れては消えるいくつかの種を挙げただけだ。ただ、海や大陸、生物の起源を辿ることで、海洋生物に関する基礎知識も得られただろう。地球の広大な海は、すべての生命とすべての種の起源だ。そう考えれば、初期の生物の進化に関する断片的な知識や理論を通して、時を超えた地球のしくみもわかってくる。

世界のほとんどを覆う1つの広大な大洋からいくつかの大洋や大陸、島や海、川などが生まれ、生物が数々の大量絶滅を生き

抜いてきたことで、現在の無限に複雑で変化し続ける海の生態系がもたらされた。本章で紹介している数々の言葉でもわかるように、私たちは今でも、生物がどうやってここまでたどり着いたのかを探り、現生種と絶滅種に関する発見を続けている。1つだけ確かなのは、変化し続ける海岸線から未知の深海まで、海には発見すべきことがまだまだ残されているということだ。

――テーマⅠ　起源

The sea is everything. It covers seven-tenths of the terrestrial globe. Its breath is pure and healthy. It is an immense desert, where man is never lonely, for he feels life stirring on all sides.

—— Jules Verne

海はすべてだ。

海は地球の7割を占めている。

海の息吹は

汚れがなくみずみずしい。

海は広大な砂漠だが、

人間が孤独を感じることは決してない。

いたるところで

生命が活動しているのを

感じるからだ。

―― ジュール・ヴェルヌ

テーマI　起源

何度押し返されても、
海が岸にキスするのを
止めようとしないようすほど
美しいものはない。

―― サラ・ケイ

テーマⅠ　起源

テーマⅡ　関係 ── プランクトンと海流

　海は信じられないほど多様性に富んでいるが、普遍の要素で結ばれてもいる。海水には塩以外にも多くのものが含まれている。海は絶え間なく変化し続ける存在でもある。遠く離れたところから、もう少しよく見てみよう。

　ビスケー湾の春。頭上はるか遠くからNASAの衛星が撮影した写真には、陸地の曲線、薄く積もった雪のような雲、砂浜の細い線、暗い色の湾が写っている。しかし、湾の中は白い雲や黄色い砂が、青く輝く海水と混じり合っているように見える。フランス西部沖の海上に薄緑色と青灰色の渦があり、花火の煙の巨大な塊のように漂っているからだ。

　これは海底でも汚染でもなく、植物プランクトンの季節的な大増殖(ブルーム)だ。植物プランクトンは、日照時間が延びて水温が上がったことに反応して突然爆発的に増殖し、宇宙からも見える海の模様を作り出す。この現象は、季節が巡って海に多くの太陽のエネルギーが届き光合成生物の大繁殖が促されると、世界各地で見られる。

　生物が地球に住めるのは、この基本的な力のおかげだ。植物プランクトンのほとんどは微小な単細胞の植物で20万以上の種があり、研究されているものはわずかだが、おそらく地球上のすべての生物の中でも最も重要な構成員だ。彼らは無機物からバイオマスを生成する「一次生産者」であり、食物ピラミッドの土台となっている。その一部は、やはり微小な生物である動物プランクトンに食べられるが、その動物プランクトンもプランクトンに分類されるような小さな動物に食べられる(プランクトンの定義は、水中に生息し流れに逆らって泳ぐことのできない生物という簡単なものなのでクラゲなども含まれる)。大きなプランクトンはそれより大きい生物に食べられ、その生物も食べられて、サメやシャチや人間のような頂点捕食者に至る。しかし、植物プランクトンは食物連鎖の出発点となっているだけではない。それ以前に、大気中と海中の多くの酸素を作り出しているのだ。彼らは光合成によって二酸化炭素を消費し酸素を放出し、炭素を貯蔵している。大気中の酸素の半分はプランクトンの働きによる。上空から見たビスケー湾の変色は植物プランクトン中の葉緑素が原因であり、水中の栄養素──河口から流出した硝酸塩やリン酸塩やカルシ

「親方、魚は海の中でどうやって生きてるのかな」
「なんだよ、陸で人間がやってるのと同じだよ。
大物が小物を食って生きてるのさ」
——ウィリアム・シェイクスピア

ウム——も、プランクトンの春季ブルームの発生に一役買っている。植物プランクトンの寿命は数日だが、大規模なブルームはたいてい何週間も続く。そのうち状況が変わると植物プランクトンは死に、食べられなかった死骸は海底に沈む。ブルームは水深数mから数十mにおよぶことがある。海底の死骸は最終的に珪(ケイ)酸塩を含むヘドロとなって炭素を閉じ込める。この世界的な現象は、注意して見ればたくさんの衛星写真に写っている。NASAの推定によると、毎年最高で10 Gt(ギガトン)の炭素が大気から取り除かれ、深海に隔離される。プランクトンの大繁殖がもたらす最後の恩恵は、過去に化石化した微小な生物の層が何百万年も埋もれたまま、押しつぶされ岩に閉じ込められて海底の油脈になることだ。一般に鉱物油と考えられているものは実際には鉱物などではなく100%有機物からできている。

　現在の地球上の生物に、微細なプランクトンほど大きく貢献しているものは、他にあまりない。こうした目に見えない生物が海のすべての生物に食料を供給し、大気に酸素を供給し、彼らの祖先は人間の使う多くのエネルギーを間接的に作り出した。海洋生物というと魚類や哺乳類、サンゴ、植物といった目に見えるも

テーマⅡ　関係

のを思い浮かべがちだ。しかし、もっとじっくり考えてみよう。全生物の98％を占める無数の微細な植物や生物が、残りの2％を養う土台となっている。1ℓの海水は、プランクトンなどの生物がひしめく巨大都市のようなものだ。その1ℓの中には、最大で1000万匹の植物プランクトンと100万匹の動物プランクトンがいる。また、膨大な数の細菌とウイルスもいて、海洋生物のバランスを維持する重要な役割を果たし、プランクトンの数をコントロールしている。しかし、そのしくみは最近までほとんどわかっていなかった。ウイルスは海面の1滴の海水に1000万個ほど含まれていることもある。またウイルスは、1滴の海水に数百万個ほどいる細菌を宿主として食い物にしてから破壊するが、細菌の死骸は植物プランクトンが海から栄養素を得るのに役立っている。つまり、肉眼で見られる生物が登場する前から、生態系の生物は互いに結びついたり戦ったりして、他のすべての生物が暮らす土台を築いてきたのだ。

プランクトンは現在のすべての生物を支えているだけではない。彼らの登場は、すべての生物を生み出す進化の土台にもなった。光合成を行うシアノバクテリアの確かな化石証拠は27億年前のものだが、シアノバクテリアにつながるもっと単純な生物は、どんな化石記録よりも前に出現していたはずだ。2003年、デンマークの研究チームがグリーンランドのイスアで採取した堆積岩を分析し、もっと古い光合成生物の痕跡を発見したと発表した。「37億年以上前に地球に機能する生物圏があったということだ」とミニック・ロージング教授は主張する。

プランクトンの世界は極めて小さいが、目を細めて顕微鏡をのぞけば驚くべきものが見えてくる。特に「珪藻」という植物プランクトンのグループは幾何学的な形をした奇妙な生物で、スライドガラス上のつぶれた二次元の姿は、宝石のように見えることがある。寿命は約6日と短いが、時空を超える複雑な存在だ。珪藻は酸素の生成と炭素の貯蔵にとって特に重要だ。彼らは二酸化炭素を固定する主要な生物で、どんな光合成生物よりも効率的に二酸化炭素を自分の体の構成要素へ変えることができる。推定では、珪藻だけで地球の酸素の20％以上を作り出している。珪藻には途方もない種類の形があるが、円筒形、楕円筒形、管状など円筒形のものが多く、突起のついたものもある。体は「ガラスの箱」に入っているような構造で、硬い珪酸の殻に開いた穴から水やガス、固形物質などを通して処理している。珪藻はあらゆる種類の水域や湿った土壌、さらには海鳥の背中でも育つ。しかし、海の広さを考えれば、海が珪藻にとって主要な環境であることは間違いないし、珪藻がこれほどあちこちに存在し、大気やすべての生物に影響をおよぼすようになった理由もわかる。また、珪藻はすべての熱帯雨林よりも多くの炭素を隔離している。

海では、海水の1滴1滴に生物がひしめく謎めいた顕微鏡下の世界より、さらに見えにくい力も働いている。それは物質の世界の力ではなく、エネルギーの世界の力だ。世界のあらゆる部分は、海流による熱の移動に大きな影響を受けている。地球に届いた太陽エネルギーの多くが海に吸収されることを考えると、当然のことだろう。海岸に住もうと1000km以上内陸に住もうと、海流が気候におよぼす力の影響を受ける。海は世界のセントラルヒーティングシステムのようなもので、太陽エネルギーを蓄えて、ある場所から別の場所へと循環させ、そこで育つ生物に大きな影響をおよぼしている。よくあるのは、海流が赤道地域から温かい水を運び去り、温度を下げながら移動して最後に北極地方や南極地方を温めるというパターンだ。極地方に到達した海流は温度が下がって沈み込み、ゆっくりと循環して赤道へ戻る。この時、海流と大気（同じく熱を蓄える）との間には密接な関係がある。風は同じように高温の地域から低温の地域に、高気圧から低気圧へ向けて吹き、海の表面を駆動して海流を勢いづける。水は赤道近くの海面から絶えず蒸発し、雨の降る状況だけでなく高温の地域や低温の地域を作り出す。主な海流は気候や風、降水に影響するが、今度はそれらが海に影響をおよぼして表層水の移動速度を上げる。他の力、特に地球の回転と、月の引力による潮流も作用している。海流と気流は、コリオリの力のために北半球では時計回りに、南半球では反時計回りに動くことが多い。コリオリの力は、地球が西から東へ回転していることと、赤道上の

地点では南極や北極にもっと近い地点より自転によって1日に移動する距離が長いことによって生じる力だ。その結果、地球の表面における見かけ上の物体の移動方向は北半球では右に（時計方向の回転を引き起こす）、南半球では左に（反時計回りを生み出す）曲がる。実際に力が作用しているのではない。ただ、地表に固定されていない物体は、地表の速度に合わせて減速しない限り、赤道から遠くなるにつれて地表に対する移動速度が異なってくる。気象系で発達する低気圧のパターンは、コリオリの効果と気圧の勾配の組み合わせで説明できる。

　海には多くの海流があり、コリオリの力だけでなく熱勾配や陸塊、水深の変化に影響を受けている。大量の海水がさまざまな形で常に動いており、循環する重要な海流、すなわち「環流」は全部で6つある。最大の海流で南極大陸を1周している南極還流（西風海流）に日本の黒潮（2番目に大きな海流で推定では6000本の大河川に相当する）、南赤道海流、北赤道海流、太平洋のペルー海流、フロリダからニューファンドランドへ流れてイギリスの西岸を暖めスコットランド北部へ至るメキシコ湾流だ。こうした還流の作用は、スコットランド高地沿岸に作られた亜熱帯植物の小さな楽園であるインヴァリュー・ガーデンを見ればよくわかる。メキシコ湾流はこの近くで衰えるが、この海流がなければここで亜熱帯植物が育つことはほぼないだろう。数km北か南、東にずれただけでもだめだったはずで、この世界の住みやすさが海に左右されることがよくわかる。気候変動の専門家はメキシコ湾流が移動したり減速したりすれば、地球温暖化が進んでも、北欧は寒さが厳しく嵐の多い気候になると懸念している。

　海を循環する巨大な海水は移動速度が異なっており、赤道地域から出る時は熱エネルギーによって動いているので速いが、深く冷たい水として戻る時は遅くなる。海流が一周するには1000年ほどかかるらしい。この世界規模のコンベヤーベルトには、赤道からの熱の移動と、南極と北極での海水の塩分濃度上昇という2つの重要な力が働いているようだ。塩分濃度が上がるのは、極地方で水が凍って淡水の氷ができるためで（一部は氷山として離岸する）、残った海水は重くなるので沈み込む。こうした海水の動きによって、深層海流はゆっくりと赤道に戻ってから海面へ上昇し、徐々に水温が上がって再び循環を始める。

　しかし、他の力も作用している。最もわかりやすいのは、地球の水が月と太陽の引力によって引っ張られて生じる潮の流れだろう。潮汐運動は実際には巨大な波であり、海水が地球の両側で引っ張られて2つのピークができると満潮になる。地球に対する太陽と月の位置は年間を通して変化し、潮流の強さに影響をおよぼす。月が地球に近い時は潮流に対する影響が大きくなるが、太陽と月の引力が互いを補う位置にあれば、引力は最大となって大潮になり、打ち消し合う位置にあれば引力が最小となって小潮になる。世界各地の潮汐運動は決して同じではない。ほぼ同じ潮位の満潮と干潮が1日2回生じる場合は1日2回潮、1日1回の場合は1日1回潮と呼ばれる。また潮汐運動の高さも大きく異なる。地中海やバルト海、カリブ海ではほとんど、場所によってはまったく潮汐運動がないが、カナダ東海岸のファンディ湾とアンガヴァ湾では高潮時と低潮時の水位差が17mを超え、潮差が世界最大の場所という称号を競い合っている。

　潮流によって、海岸には潮間帯生態系という独特の世界が作られる。この生態系は1日の間に陸になったり海になったりし、同時に両方を兼ねることもある。独特の動植物が生息する一方で、海や陸の生物もいる。海で起きていることを示すヒントを最も手に入れやすく、多くの人が磯遊びや潮干狩りの場所として最初に出会うことになる海の生態系だ。多くの人が海の魅力に気づく場所でもある。ここの生物は海から出たり沈んだり、波に叩かれたり太陽に焼かれたりし、干満差の変化に1年中さらされ、水中や陸上や空中のさまざまな捕食者に襲われるという、最もストレスの多い環境に適応してきた。水の性質が変わることもあり、海水が干上がったり、河口の汽水や雨の真水、陸から来た汚染水などと混じり合ったりすれば塩分濃度も変化する。世界人口の約40％が海岸から100km以内に生活しているため、この重要な環境には人間の影響という大きな圧力がかかっている。

こうした要因のために珍しい生物が進化し、潮の干満によって異なる生物が集まるようになった。潮間帯は、1日の間に住人や機能が変わる都心の広場のようなものだ。昼食を取るオフィスワーカーや午後にアイスクリームを楽しむ観光客、夕方の帰宅者がいて、最後は夜の娯楽スポットになるように、食料を探す魚が引き潮とともにカニと入れ替わり、鳥が潮だまりをつつき回って泥の中から獲物を引っ張り出す。潮間帯はとても混み合っていることが多いので、ごちゃごちゃした都心という例えはぴったりだ。生物群集の拡大は岩や泥、砂、潮間帯の植生の範囲に大きく左右されるので、居場所の獲得は本当に大きな問題となる。潮間帯が海中の3次元の環境から陸上のもっと2次元に近いものになると、利用できる生活空間は制限されるかはっきりと変化する。しかも、人間の影響によって湿地やマングローブといった貴重な水際の環境が侵食される一方で、海に対する河川汚濁の影響が最も集中する場所なので保護が必要だ。これらの環境に存在する生物たちの緻密なバランスは、岩や桟橋の大規模なイガイ床を見ればわかるだろう。水を濾して微細な生物を食料とする軟体動物の二枚貝が集まっていて、他の生物との複雑な関係を見ることができる。イガイは「足糸」で岩に自分を固定する（料理人はこの部分を「ひげ」と呼ぶが、実際には頭ではなく足の方にある）。足糸を作っては切り離したり、表面を這ったりすれば、非常にゆっくりとだが移動もできる。しかし、速く動く必要はない——イガイを洗う海水が体内の濾過システムに引き込まれれば、食料が転がり込むからだ。潮が引くとイガイは殻を閉じて身を潜め、通りがかったカモメの目を避けようとする。イガイが定着すると、他の生物もイガイを食べにきたり近くに暮らし始めたりする。またイガイのコロニーは、巻貝やゴカイ類、小型の甲殻類のような小さな生物や植物が生息する3次元の生息環境となる。イガイも完全に無防備ではない。ガリヴァーを縛りつけたリリパット人のように、ヨーロッパチヂミボラ（肉食性の巻貝）のような動きの遅い捕食者を足糸で縛りつけて餓死させることもできる。イガイが食べる生物は小さいので、食物連鎖も小さなスケールでゆっくり進むが、一方でイガイは他のあらゆる種類の生物の餌となっている。例えば、実験でイガイが着生する範囲を制限しても、イガイを食べるヒトデのような捕食者の数を制限しても、他の生物が安定した足場を確保しにくくなるといった問題が生じた。

潮間帯の水の動きが1カ月や1年のサイクルで変動することで、変化しやすい環境が作られ、世界中のそれぞれの潮間帯に適応した特有の生態系が形成された。温暖で岩の多い海岸線の潮間帯における生態系は、マングローブの生える沼地や、サンゴ礁、北極圏の氷だらけの浜辺とは違うものになる。しかし、潮間帯の生物はそれぞれ非常に異なっていても、生き延びるチャンスや問題に対処するやり方は共通している。これは1mでも海の中、または陸の上で生息している生物とは対照的だ。

最後に、常に存在する海水の特性である波の力について取り上げておこう。潮流は地球で最も大きい波だが、そういう風に考えないことが多い。地震活動によって生じる巨大で破壊的な津波も、原因があまりに不定期で、はっきりした特徴があるため、普通の波とは見なさない。波は風と海流が海面に引き起こした動きだと考えているからだ。海面を吹き渡る風からエネルギーの一部が伝達されることで、さざ波から大海原の15mを超す大きなうねりまであらゆる波が生じ、30mを超える波もたびたび報告されている。しかし、海上で波を測定するのはもちろんかなり難しいし、誇張される可能性もある。最大級の波の中には、風だけでは生じないものもある。正確には、海流が何らかの形でぶつかり合っているところに嵐の力が加われば、異常な大波になることがある。海上のどこかで極端な低気圧や高気圧によって生じた大きな波がうねりとなり、もとの場所からはるか遠くまで移動する場合もある。

時には周りの波から飛び出たずっと大きな暴れ波が、たまたま船にぶつかって壊滅的な影響をもたらすこともある。こうした巨大波が見つかり陸地に近づくと予測された場合には、サーファーの語り草になることもある。命知らずの彼らは、大胆な行動を撮影したビデオでギネスブックに名を残すことに没頭するあまり、波の通り道まで曳航してもらってから、崩れ落ちる波の壁の下で

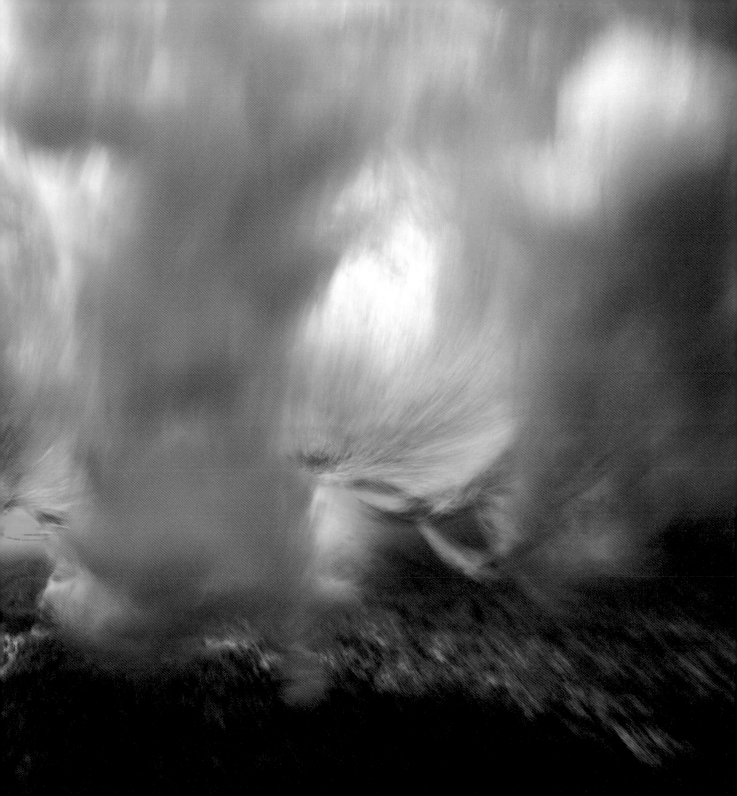

ボードに乗り、ひっくり返って死ぬ危険を冒す。陸に近く予想しやすい大波の場合は、海上に吹く風の「吹送距離（波を起こす風が障害物に当たらないまま吹く距離）」の長さと、巨大な大波を押し上げる沖合の特殊な海底構造の組み合わせによって、波の大きさが決まる。ハワイやカリフォルニアは大波で有名だが、最近はヨーロッパ最西端の1つポルトガルのプライア・ド・ノルテの小さな海辺が、こうした大波の聖地として浮上してきた。ここでは秋になると大西洋をわたる強い風によって向岸流の勢いが増す。その海流の一部は、沖合の800mほど離れたところから海の方へ伸びる全長200km、深さ5kmに達する巨大な海底渓谷を通り抜ける。海水は渓谷の先端にある急な絶壁に到達するが、そこは水深わずか50mで崖のすぐそばだ。その結果、水中で生じた巨大な力が時には高さ約30mの巨大な波を押し上げることになり、その波に乗ることに成功したサーファーがいる。波の形成には風速、吹送距離、風の幅、風の継続時間、海の深さという5つの要因が関わっている。これらの要素によって、波に加わる有効エネルギーの量と、その力から生じる波の構造が決まる。波は波高（波の谷間から頂上まで）、波長（頂上から次の頂上まで）、周期（連続する波の頂上が、ある点の上を通過するのにかかる時間）と、波動伝搬（波の移動方向）という4種類の特徴によって定義される。

　風の力が移行するため、海にはいつも膨大なエネルギーが通り抜けている。小さな波紋が生じれば、水は表面張力によって均等になって安定する。一方、風が海を切り刻み大きなうねりを作り出しても、重力の作用が平らにしてしまう。重力が波頭を引き下ろして上下の波の動きを作り、最後には打ち消してしまうのだ。波によって水が大きく前進するというのは錯覚だ。実際には水は上下に動いているだけで、エネルギーの波だけが通り過ぎていく。水はわずかな上下運動以外はほぼ同じ場所に止まっている。実際に錯覚通りに動いているとしたら、すべての水がすべての海洋生物といっしょにどこかの海辺に押し寄せることになるだろう。幸いそういうことは起こらない。その代わり、移動するエネルギーは巨大で急速に動くことがあり、しばしば海を何千kmも移動して、ある場所の気象系の影響を別の大陸まで広めている。

　波を伴う水の表面の動きからは、その動きがはるか下まで広がっていることはわからない。2mの波が見える時、水中では6m下まで大きく動いている可能性がある。波が大きくなりすぎたら破壊をもたらすだろうが、一般的には波の動きは生物にとっては有益で、体をきれいにしたり餌を捕ったりするのを助けたり、水に酸素を与えたりと重要な役割を果たしている。

　海や波、それらに影響を受ける種についてはあまりわかっておらず、海洋生物にとっての波の価値を測定することは不可能に近い。しかし、サーファーにとっての波の価値を計算するのはずっと簡単だ。サーフィンに絶好の環境を保全するさまざまな試みの一環として、サーファーやその関係者たちは、波を追いかける自分たちの活動が1つの地域に数百万ドルの利益をもたらすとして、尊重し保護する必要があると唱えている。「サーフォノミクス」という新しい学問分野さえあるくらいだ。2011年には、アメリカ合衆国だけで約330万人が波を追いかけ毎年約20億ドルを支出しているという試算が出た。このように海洋運動は多くの人間にとって重要だが、海洋生物の進化にとってはもっと重要なものだろう。実際、その価値には値段なんてつけられない。

私の魂は
海の謎に対する憧れに満ち溢れ、
偉大なる海の心は
私を通して
胸躍るような興奮を送ってくる。
　　── ヘンリー・ワーズワース・ロングフェロー

テーマⅡ　関係

水族館や水槽は、
どんなに巨大であっても
海の状況を再現できない。
　——　ジャック・イーヴ・クストー

テーマⅡ　関係

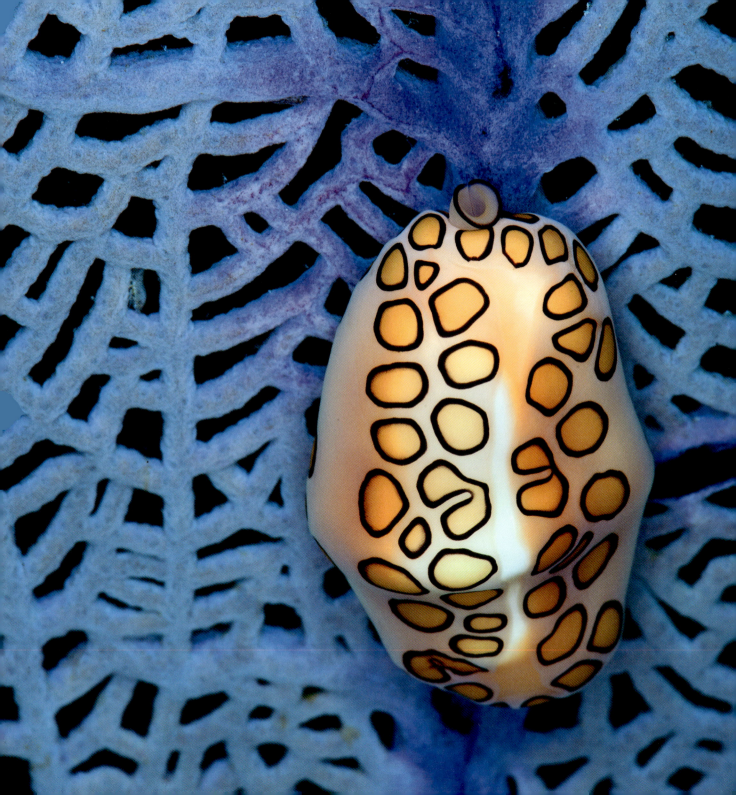

テーマⅢ　野生 ── グレート・バリア・リーフと生物多様性

　海は最後の野生の領域だ。あまりに野生に満ちているので、「野生」という概念そのものが疑わしくなるほどだ。海は荒々しく、気ままで残酷なのか？　その通り。海はそれらすべてに当てはまるが、それ以上でもある。陸地と同じように海で生物を育て、陸の動物と同じように海の生物を飼いならすことなど想像もできない。海は自らの法則によって動いているが、それはまだ人間の言葉ではまとめられていない。海には、陸上ではもはやありえないような新発見が満ちている。また、最近は野生生物への関心が急激に高まり、あちこちの地方で「再野生化」が検討されている。汚染に対する懸念が高まっているため、一部の海はすぐに保全する必要があるが、地球の表面のほとんどは海洋生物の暮らす超絶的な野生の領域であり、ありがたいことにまだ人間の手がほとんどおよんでいない。

　そのため、海の魅力と海への関心は増すばかりだ（人類の好奇心は人類の生存にとって脅威となるだけでなく成功にとって不可欠だ）。人間は、陸や海の真の野生と考えたものに近づこうとして危険を冒し、しばしば命を落としてきた。もっと安全で快適な方がよければ、映画やテレビ、ウェブサイト……それに本がある。記録にある有名な未開の自然に出会える場所はいくらでもある。しかし、人類（ホモ・サピエンス）が他の種と出会う方法は、どうしても限られている。そのため、人間が目にする野生の領域は大半が陸上のものだ。海についてはほとんどが船の上から、またはシュノーケルをつけて水中に頭を突っこんだ時に見えるものばかりになる。

　ただ、その場に行って自分自身で出会うか、メディアを通すかにかかわらず、野生を体験するという考え方そのものの矛盾に気づいていないことが多すぎる。問題は、最も純粋な「野生」には、人間の影響や人間との相互作用によるどんな順応もおよばないということだ。その意味では、海は本物の野生の領域、人間がまだ知らない場所であり、わかっているのは、そこに何があるのかわからないということだけだ。海の広い範囲───実際はほとんど全域───には、未だに不可解な方法で移動する生物がいる。未発見の種はまだ多く、ほとんどの深海は一度も調査されたことがない。そのためか、気味が悪いほど奇妙な深海の世界というイメージや考え方によく出会う。そうしたイメージの中では「異世界の生物」は不気味なだけならいい方で、しばしば危険で恐ろしく見

える。しかし、別の見方をすれば、私たちは可能性と驚きに満ちた無限に近い世界を外側から覗き込んでいるのだ。

　人間の住む場所は一見混雑しているが、実際には地球のほとんどの生物や植物は人間の目の届かないところにいる。地表の71％が海であること、海のほとんどの領域は水平線の向こうか海面の下にあり、水深は平均4kmだということをもう一度よく考えてほしい。これはすごいことだ。たちまち、理解しがたいものを理解しようとしている気分になるだろう。この膨大で、常に移り変わる海域は、人間の体にとって異質で、ダイバー以外は経験したことがなく、ランダムに採取された試料しか存在しない。私はスキューバ・ダイビングをする時、岩や上からの光が見えるところから遠く離れたことがない。底なしの深淵のような場所を見下ろした時には何となくめまいがし、心の中で注意しろという警告が聞こえる。スリルはあっても、ここは本来人間の住む場所ではないと心から感じるのだ。海中に住む必要もない。人間は陸上で進化して繁栄し、さまざまな装置がないと海中で長時間、遠くまで動き回ることもできない。人は海中にいる時、あらゆる意味で人知のおよばない深みにいることを潜在意識のどこかで常に感じているのだ。

　しかし、これが野生の本質だ。海は人間だけでなく、そこに暮らす何億もの生物にとっても安全な場所ではない。コウテイペンギンは南極大陸の氷棚で暮らし、獲物を捕る。水中では飛ぶ鳥のように泳ぐが、ヒョウアザラシの餌食になる。ホホジロザメは一見究極の頂点捕食者のようだが、実際にはシャチの方が強い。ロブスターは殻のおかげで人間以外からは身を守れるように見える。だが、成長のために脱皮した時はタラやオオカミウオのような強い顎を持つ捕食者に攻撃されやすく、他のロブスターの共食いにも警戒しなければならない。海の中は弱肉強食の世界だ。その点では陸と海には共通点が多く、この最も厳しい法則を体現するものが生き残る。

　海のしくみとはどんなものか。どうして人間は変化し続ける海にスリルを感じ、挑戦意欲をかき立てられ、自らの自然観に疑問を抱くのか。それらを理解するには海という環境についてじっくり考えてみるといいだろう。まず、最も有名で魅力的な海、すなわちグレート・バリア・リーフの野生の世界を楽しむ時に心に留めておくべきことを考えてみよう。このサンゴ礁地帯は生物界の驚異の1つと見なされており、生物の巨大な集合体はしばしば熱帯雨林の林冠（森林の上層部）と比較される。また、最大規模の都市に集中する人口の増加と比較されることもあるだろう。サンゴ礁にはすべての海産種の少なくとも25％が暮らしていると言われるが、グレート・バリア・リーフは中でも最大で、他のどんな場所よりも密度が高く、豊かな多様性を示す。この地帯は、サンゴ礁が8000年近くかけて現在の形まで成長したものだが、それ自体が少なくとも2万年以上前の礁構造の上に位置している。その礁構造も、何百万年も前から海面の上昇と低下によって発達と衰退を繰り返してきた過去のサンゴ礁から生じたものだ。サンゴは少なくとも3億5000万年前に生じた生物だ（当時のサンゴ礁が化石化したものは現在オーストラリア北西部のキンバリー地域の内陸部にあるネイピア山脈で見られる。これはグレート・バリア・リーフと同規模のサンゴ礁の一部だったものだ）。ちなみにグレート・バリア・リーフは実際には1つのサンゴ礁ではなく、オーストラリア北東岸の浅い海に連なる900近い島々と3000近いサンゴ礁からなる、全長2300kmにわたる地域を指す。人工の建造物など物の数に入らない。これは生物が作り出した宇宙からも見える世界最大の構造物なのだ。

　グレート・バリア・リーフの生物を知るにはまずサンゴから。サンゴポリプと呼ばれる小さくて柔らかい生物の群体が、この地帯の構造を形成している。サンゴの固い部分は、サンゴポリプが体を守って支えるために、海水の炭酸カルシウムを使って作った骨格構造が堆積したものだ。サンゴは何代もかけてこの地帯を作ってきた。グレート・バリア・リーフでは350種以上の石サンゴが見られる（軟質サンゴの種も多く、一部は石サンゴの骨組の上で成長するが、こちらは固い堆積物を作らない）。石サンゴは光を必要とし、主に海面の近くから水深20mのところで活動するが、水深150m未満なら生息できる。水深20mまではサンゴ礁に関わ

The sea was the cradle of primordial life, from which the roots of our own existence sprouted. Billions of years of evolutionary development brought forth an enchanting variety of forms, colors, lifestyles, and patterns of behavior.

—— Werner Grüter

海は
原始の生命の
揺りかごであり、
そこから
私たち自身の
存在が出現した。
数十億年にわたる
進化は、
うっとりする
ほどさまざまな
形態、
体色、
生活様式、
行動パターンを
生み出した。

―― ワーナー・ギュンター

テーマⅢ　野生

る種がひしめき合い、死んだサンゴの骨格が堆積すると、隅や割れ目ができ、多くの生物の暮らす高層住宅のようになる。しかし、この家は他の誰かのテイクアウト用の店ともなりかねない。もちろん、すべての活動が殺伐としているわけではなく、サンゴ礁の複雑な構造は植物が生息する土台にもなっている。この礁の植物の中心は500種類以上の藻類であり、最も基本的なものはサンゴポリプと共生関係を持つ褐虫藻だ。褐虫藻が多くのサンゴ（またはイソギンチャクやカイメンなど他の多くの海洋生物）の軟組織に生息しているために、サンゴは日光を必要とする。褐虫藻はサンゴに食料を供給するが、食糧源はそれだけではない。サンゴは小さくて一見無防備だが、針を持つ触手で小さな生物や小魚を捕まえて食べている。褐虫藻の働きはあまり目につかないが、サンゴ礁の一部を覆っている藻類も多くあり、紅藻類は特に目立つ。紅藻類の大きさは、サンゴの表面をつなぎとめて崩れ落ちるのを防ぐ膜状から、固まったマット状、最も大規模な形であるもじゃもじゃの海藻までさまざまだ。サンゴ礁の藻類は青や黄などのさまざまな色と形を持つため、「アオサ」や「アカモク」のような名前がつけられている。

　海草もサンゴ礁の周辺で見られ、たいてい島の浅瀬に生えている。グレート・バリア・リーフでは海草は15種類以上あり、他の種が暮らす環境を形成し維持するのに不可欠だ。ジュゴン――ほぼ完全な草食性の大型哺乳類――とウミガメは海草の生えた海底で、野原の動物のように葉を直接食べているのが見られるし、稚魚や小さな生物は海の草地を避難所にして育つ。ジュゴンは世界各地で絶滅の危機にあるが、グレート・バリア・リーフでは約1万頭と比較的多い。魚が魚を食べ、サンゴが魚を食べる切った張ったの海の世界では、かなり微笑ましい生物だ。彼らは時速約10kmで泳ぎ、食べる草にとてもうるさい。葉をかじるだけでなく、できれば根元から抜いて砂を振り落とし、丸ごと食べたがる。また、選りすぐりの草を集めて積み上げてからガツガツ食べる姿が目撃されている。ジュゴンは草以外には何の害もなさず、うまくいけば人間と同じくらい長生きし、子どもを優しく育てる。

　奇妙なことに、グレート・バリア・リーフにとって最も重要な植物はそこには生えていない。それは、クイーンズランドの海岸線にあるマングローブだ。マングローブの森が海に根を下ろし、大量の堆積物や栄養素を捕捉して海に流れ出ないようにしているため、サンゴの成長が妨げられずにすむ。グレート・バリア・リーフは岸から最も近い場所でも16km離れているが、それでも水はきれいな方がいいのだ（農業がもたらす過剰な栄養素や汚染物質も河口から流れ込んで害をおよぼしている）。マングローブとサンゴ礁も共生関係にある（近所での物々交換のようなものだ）。遠くにあるサンゴ礁が陸に届く波の力を打ち消すので、マングローブは安全に成長できる。

　藻類と海草以外の大部分の植物は島の上やその周辺に生えており、固有種を含む2000種以上が見つかっている。南北に連なる島々がかなり離れているおかげで、さまざまな植物の生える場所はある程度決まっている。北部の島々は樹木が多く、南部の島々は背の低い草が多い。これらの植物は水中にはないが、水中や水上、さらには水辺で暮らす両生類や鳥類などの種を支えている。鳥類は長い時間をかけて島々に種子をばらまき、植物の繁殖を助けていることでも重要だ。

　これまで述べてきたように、グレート・バリア・リーフの主要な植物は藻類やわずかな草であることから、チャールズ・ダーウィンはサンゴ礁を砂漠のオアシスのようだと述べた。サンゴ礁は、海中の窒素とリンの濃度が低いために、植物が少ない場所で栄えているように見え、また生命の構成要素である窒素やリンの少ない場所を好むように見えることに注目したい。食物連鎖の起点であり草食動物の食料となる植物がほとんどないとしたら、他の生物はどうやって栄養を得ているのか？　最も幅広い豊かな生態系が、これほど少ない資源からどのように築かれたのか？　2013年になってようやく決定的な答えが得られた。主役は物言わぬカイメンだ。この古い生物は、海水中の大量の有機物を再利用し、巻貝やカニなどの生物が食べられる形に変えるという基本的な仕事を、今でもしていることがわかった。これらが次に食料となること

> 海とは別の世界に行くようなもの。
> —— アン・スティーブンソン

で、食物連鎖が開始する。カイメンはサンゴ礁での再生の輪を閉じる特別な処理者だ。彼らは有機物の再利用では細菌の10倍の仕事をし、すべてのサンゴと藻類を合わせたのと同じくらいの栄養分を作り出す。カイメンがいなければ、色鮮やかで多様なサンゴ礁はまったく存在しなかっただろう。グレート・バリア・リーフの周囲には2000種以上のカイメンがいて、その重要性は海洋学者の間で広く知られつつあるため、新種の発見も続いている。すべてのカイメンが同じやり方をしているのではなく、それぞれがサンゴ礁の機能的に特別なニッチ（ある生物が生態系の中で占める位置。生態的地位）を占めていることは、当然予想できる。カイメンは生命の循環に不可欠だが、一方でサンゴの成長とも緻密なバランスを保っている。カイメンとサンゴは固着する場所を巡って競い合っている。カイメンが増えすぎると（海中の栄養素の濃度が上昇すると起きる）、押しのけられたサンゴが成長する場所は少なくなる。こうした状況ではサンゴ礁が減少し、多くのカイメンと海草が優勢な環境になる。よくあることだが、多様性に満ちた素晴らしいサンゴ礁を作り出している多数の生物の関係は非常に緻密なバランスで成り立っており、1つの種が優位に立つと災いをもたらしたり、他の種の運命を大きく変えたりすることがある。

ここまで、グレート・バリア・リーフの海底や割れ目から、巻貝のような単純な濾過摂食者までを見てきた。サンゴや植物やカイメンは、もっと動きの速い生物が暮らす活気のある環境を作るのに一役買ってきた。こうした小さな生物から、このサンゴ礁の生物ピラミッドの頂点捕食者——イタチザメやオグロメジロザメやオオワシ——までの過程はどういうものだろう。これは非常に入り組んでいる場合も、すぐにたどり着く場合もある。グレート・バリア・リーフには1500種以上の魚類、3000種以上の軟体動物、約130種のサメやエイがいる。おおざっぱに言えば、小さな魚が中くらいの魚に食べられ、それが大きな魚に食べられる例はたくさんあるが、例外もある。非常に大きな生物が大きなものを食べるとは限らない。例えば、ザトウクジラは出産や交尾のために冬にグレート・バリア・リーフを訪れる。ここでは彼らはほとんどものを食べない。夏の間に南極海で小さな魚の群れをたらふく食べて蓄えた脂肪を主に使って生きているが、そもそも大きいものを食べることができないのだ。彼らはヒゲクジラの仲間で、海水から大量の小魚や甲殻類やプランクトンを濾し取って食べている。そのため、ここではエビに似たオキアミなどを少し（といっても大量だが）食べる程度だ。この海流に浮かぶ小さな甲殻類は、

テーマⅢ　野生

> サンゴ礁は世界で最も
> 華やかな美しい場所の1つだが、
> 海洋生物の基盤でもある。
> サンゴ礁なしでは、
> 海の最も素晴らしい種の
> 多くは生き残れない。
>
> ——— シェヘラザード・ゴールドスミス

クジラにとっては前菜代わりにピーナッツを皿から一つかみ取るようなものかもしれない。オキアミは、人間の目には見えないがサンゴ礁の水の1滴1滴に大量に存在する植物プランクトンを食べている。生物ピラミッドの段階を2つ上がっただけで、見えない生物から超大型の生物に行き着くのだ。普通は食物連鎖の底辺から頂点までは多くの段階がある。しかし、さきほど触れた数千の種はどれも、グレート・バリア・リーフの生物のネットワークに独自の位置を占めていて、生存を巡る食うか食われるかの物語の一部になっている。

何でも食べる生物もいるが、他の生物はもっと特殊だ。ここにいる多数の色鮮やかな生物の代表として、イソギンチャクに隠れているクマノミについて考えてみよう。これはさきほど触れた共生関係の一例で、意外なことに、お互いにかなりの利益を得られる相利共生関係にある。最初のポイントは、イソギンチャクの触手には毒があるので、ほとんどの魚はイソギンチャクを避けるか、その餌食になりかねないということだ。イソギンチャクはこの毒で小さな生物を麻痺させて捕まえる。しかし、クマノミはこの毒針に対して免疫がある。皮膚から分泌される粘液が毒針の影響を防ぐからか、その粘液のためにイソギンチャクにはクマノミが獲物ではないとわかるからだと考えられている。こうして両者の協力が可能となる。クマノミの動きはイソギンチャクにより多くの酸素と栄養素をもたらし、他の小さな魚をその触手に引きつけている。クマノミは触手の間に隠れて捕食者から身を守る一方で、イソギンチャクの捕食者や寄生虫を防いでいる。また死んだ触手をかじり取ったり、イソギンチャクの餌の残りを食べたりする。

どの生物もサンゴ礁での役割を持ち、その役割のレベルによって相利共生や寄生をしたり、捕食者や獲物になったりする。シュノーケリングで明るい色の魚の周りを泳いでいると、どうしてそんな色なのか、どうしてそんな行動を取るのか不思議に思うことだろう。ブダイ科の魚 (parrotfish) は、その名の由来となったオウムのクチバシ状の歯を持つ中型の魚で、多数の種があり、ただの青色のきれいな訪問者ではない。実は、サンゴを歯でかじって表面の藻類を掃除し、サンゴを健康に保つ重要な役割を果たしているのだ。その際に、サンゴ骨格の一部も摂取して砂として排泄する。1匹のブダイは1年で約90kgの砂を排泄し、それが集まってサンゴ礁の周囲に砂の海底が作られる。これが島の誕

テーマⅢ　野生

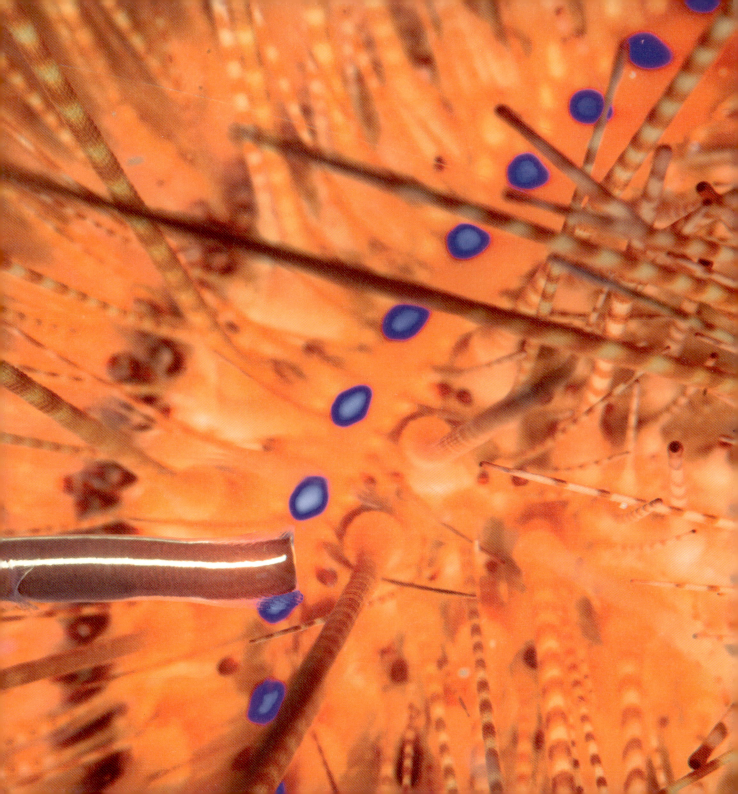

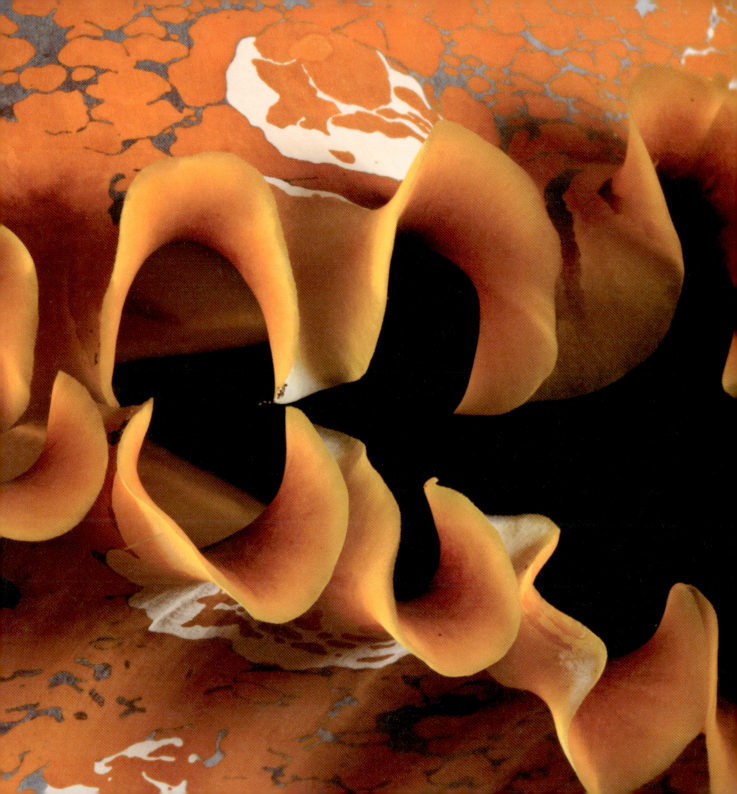

> 海には相反する性質があり、
> 見れば見るほど目を圧倒して、
> 自らの輝きの中に姿を消してしまう。
>
> ―― アリス・オズワルド

生に一役買っている可能性もある。ブダイは、環境によって体色が変わることでも有名だ。もっと驚くべきことに、ブダイ科のほぼすべての種が隣接的雌雄同体で、生まれた時はメスだがやがてオスに変わる。

　エンゼルフィッシュはブダイより目立ち、写真撮影でも一番人気がある。彼らは人間を怖がる様子がなく、ダイバーに対してもしばしば好奇心を示す。一般的に明るい縞模様と特徴的で優雅なヒレを持ち、プランクトンやカイメン、小さな無脊椎動物などさまざまなものを食べる。しかし、そんな姿をしている理由は謎であり、ちょっと見には進化による適応とは思えない。実際、サンゴ礁の生物が色鮮やかな姿をしている理由については、もっと研究が必要だ。ブダイやエンゼルフィッシュやクマノミのような魚はとても簡単に見分けられるし、明るい色や模様は印象的なので、それがどうして捕食者や獲物の目を逃れるのに役立つのかと不思議に思うことだろう。その答えの一部は、魚の目の見え方が人間とは違うことにあるようだ。こうした色は魚の目から見た時や光が少ない時、また、特に彼らが近くの捕食者から隠れるサンゴ礁では、非常に違って見えることがある。多くの魚にとって視力はそれほど重要ではなく、音や嗅覚の方がずっと重要かもしれない。一部の魚は昼から夜になった時や明るい水面から深い場所へ移動した時に、目の働きを変化させると考えられている（海に深く潜ると光の波長が吸収されて周りが濃い青色に見え、色がわからなくなる）。約半分の魚は紫外線が見え、色の範囲として感じ取れるものもかなりいると考えられている。例えばスズメダイはこの能力があり、紫外線を多く反射するプランクトンを食べる。一方、ブダイのような明るい色と模様の魚は近寄れば目立つが、ちらつく光の中ではさまざまな色がカモフラージュとして働くため、模様の作用ですぐにわからなくなる。この点では、サバンナにいるシマウマの群れのようなものだ。シマウマの白と黒の縞模様は目立ちそうなものだが、こうした効果と遠くから見える陽炎が合わさると、ライオンにとっては個体を見分けるのが難しいのだ。同じように、サンゴ礁の明るい色の魚は、サンゴや藻類、カイメンが点々と散らばる背景では突然見えなくなることがある。彼らの縞模様は、水のフィルターを通って屈折した日光のちらちらする光の筋に似ていて見えにくい。しかし、色鮮やかな体は色鮮やかな環境に紛れこむだけでなく、特徴的な模様を同じ種の仲間に見分けてもらうという反対の目的でも役立っている。同じ配色の種

テーマⅢ　野生

は2つとないし、ほとんどの種は大きく異なっている。つまり、体色は周囲に溶け込む意味でも目立つ意味でも役立ち、そのどちらなのかは、いつ、どこで、誰が見ているかによって決まる。その点では、人間が夕方になって人目を引く服を着て出かけるようなものかもしれない。パーティーには溶け込めるが、他の場所では目立つだろう。

グレート・バリア・リーフの魅力の1つは、大自然の中なのにエデンの園のように見えることだ。大部分の生物は人間を威嚇せず、人間の目前ではそれほど互いに悪さをしないように見える。しかし、これは幻想だ——詳しく述べてきたように、ここでは魚が魚や小さな甲殻類を食べ、さらに大きな魚に食べられている。しかし、このサンゴ礁が飼いならされた環境に見えるのには、もっともな理由がある。人間の周りで、一部の生物が飼いならされていると言ってもよさそうな好奇心やリラックスした行動を示すからだ。ハタとタラは、このサンゴ礁で最も大きく非常に数の多い魚だ。ゆったりと動き、人懐っこく手のそばで餌を食べることがある。この奇妙な行動は、野生生物としては危険な戦略に見えるが、これらの大きな魚はほとんど危険な目にあったことがないので堂々としているのだ。ただし、そんな彼らもサンゴ礁の典型的な頂点捕食者であるサメとの遭遇は避けようとするらしい。

グレート・バリア・リーフの近くで見られる多くのサメのうち、他の生物にとって最大の脅威となっているのがイタチザメだ（ホホジロザメも恐ろしい捕食者だが、個体数が大幅に減少しており、あまり1カ所に留まらないこともあって遭遇する可能性は低い）。イタチザメが頂点捕食者になっているのは、大きさや歯や肉食動物の激しい気質からだけでなく、クラゲや甲殻類からあらゆる種類の魚、アザラシやイルカのような哺乳類、海面近くに長居しすぎた鳥までほとんど何でも食べるからでもある。サメは古い種だが、大型の捕食者として驚くほど洗練された能力を持っている。彼らの英語名の Tiger shark は体の縞模様が由来だが、この模様は少し離れると見えにくくなるうえ、背中が暗い色で腹側が明るい色なので、暗い水中を覗き込んだり下から光の方を見上げた

りした時にも見えにくい。何でも食べ、捕獲されたものの胃からはクジラや他のイタチザメの体の一部を含むあらゆる海洋生物が見つかるため、「海のゴミ処理屋」と呼ばれる。見境なく食べるため、人間による環境汚染がイタチザメの胃まで行き着いて、金属やプラスチックの破片が見つかることも多い。研究や飼育が難しいので、イタチザメについては謎だらけだ。12年以上生きることは知られているが、どれくらい長く生きるのかはわからない。一方、ホホジロザメがどれほど長生きするのかは最近明らかになった。彼らは70年を超える寿命と性的成熟の遅さから、現在のように絶滅危惧種として保護されるようになっても、個体数が回復するには長い時間がかかる。

グレート・バリア・リーフの生物ピラミッドの頂点と底辺に位置する生物については、人間の影響について理解を深めることと重要な種の保全が急がれる。カイメンがこのサンゴ礁で果たしている役割についてはまだ判明したばかりで、頂点捕食者が個体数の増加をコントロールし多様性を促すうえで果たしている役割については、ほとんどわかっていない。私たちは、グレート・バリア・リーフでのサンゴの重要な役割についてもっと理解し、海洋温暖化でサンゴが死ねばこの生態系全体がすぐに崩壊しかねないことを懸念する一方で、食物連鎖が有名なルールに従っていることも理解しておく必要がある。それは、鎖の強さは一番弱い輪によって決まるということだ。

つまり、海洋環境の保護と保全には、もっと幅広いアプローチが必要となるだろう。この地域を保護するため、1975年にオーストラリア政府が制定したグレート・バリア・リーフ海中公園法は最初期の取り組みの1つだが、保存部門は観光事業と近隣の土地からの汚染に直面し、手つかずの環境を維持するのに苦労している。世界各地で30%以上のサンゴ礁が深刻な損害を受け、私たちがすぐに幅広い行動を取らなければ、損傷範囲は2030年までに2倍になると考えられている。しかし、希望がないわけではない。多くの政府は海洋保護に関する国際公約の達成に取り組んでいるし（期限より大幅に遅れているものも多いが）、広い

地域を海洋保護区や海洋公園に指定する動きも増えている。

　最近のまだ失敗していない公約に触れて、本章を終えることにしよう。2015年3月、ピトケアン諸島沖の広大な地域を世界最大の海洋保護区にするという重要な声明が発表された。この4つの島は太平洋で最も孤立した地域で、太平洋にあるイギリスの最後の保護領だ。ピトケアン人はその起源まで遡る事件で有名だ。ここは、悪名高いバウンティ号の反乱に加わった者の一部が最後を迎えた場所なのだ。18世紀に起きたこの大事件は、マーロン・ブランド主演の有名な映画にもなった。1789年、イギリス海軍のバウンティ号の反乱者が、嫌われ者のウィリアム・ブライ艦長と彼に忠実な水夫を小型船に乗せて追放した。その後、反乱者はピトケアン諸島とタヒチに隠れた。意外なことにブライは生き残って脱走を報告し、イギリス海軍のパンドラ号が反乱者を捕らえるために出発した。タヒチの反乱者は捕まったがピトケアン諸島の者は捕まらず、パンドラ号は難破して死者を出した。ピトケアン諸島の反乱者が生き延びたため、現在の島民は反乱者とタヒチ人の子孫にあたる。しかし、ここで考えたいのは人間のことではなく、この驚くほど孤立した海域には人間の干渉がほとんどないという事実だ。ここは原始のままの海と珍しい海鳥の領域であり、人類は目立った影響をおよぼしてこなかった。これをそのまま保ち、特に遠洋漁業から保護するために、イギリス政府は隣接する83万4334平方kmの地域を海洋保護区に指定している。地域の監視は衛星によって行われている。この「海上の目」プロジェクトでは、地球の反対側のオックスフォードシャーにあるハーウェルの研究所から24時間監視し、緊急時はイギリス海軍などが対応する。大英帝国のこの遺産は、世界の役に立ってくれるはずだ。

テーマⅢ　野生

海の健康は、すなわち私たちの健康です。
　　── シルビア・アール

テーマⅢ　野生

あら、驚いた！
ここにはなんと多くの
感じのよい方たちがいるのでしょう！
　　── ウィリアム・シェイクスピア

海流と気流の大規模な変化は、
年間を通じて劇的な変化をもたらす。
数カ所の特殊な場所では、
こうした季節的変動によって
野生生物に関する
地球で最も素晴らしい光景が見られる。

―― デヴィッド・アッテンボロー

テーマⅢ　野生

テーマⅣ　深海 ── 広大なる人類未踏の世界

　1960年1月23日、ジャック・ピカールと深海探検家のドン・ウォルシュは、世界最深の海とされるマリアナ海溝のチャレンジャー海淵の底に到達し、歴史に名を残した。この長さ11kmの凹地は深さ10〜11kmと推定され、西太平洋のグアム島から南西に320kmのところに位置する。ピカールは第一印象をこう振り返っている。

　最後の1尋（約1.8m）を下降する間に、素晴らしいものが見えた。真下の海底にいたのは、長さ約30cm、幅約15cmのシタビラメに似たカレイの一種だ。見ていると、その頭のてっぺんにある2つの丸い目が、自分の静かな領土に侵略する私たち──鉄鋼の怪物──を見つけた。目、だって？　どうして目が必要なんだ？　ここでは燐光くらいしか見えないのに？　この魚が浴びた投光器の光は、この超深海に初めて差し込んだ本物の光だった。生物学者が何十年も探してきた答えは一瞬で得られた。海の最も深いところに生物はいるのか？　生物はいる！　それだけではなく、これは明らかに骨を持つ本物の硬骨魚で、原始的な軟骨魚類のエイではなかった。そう。進化の長さを考えると人類にとっても近い、非常に進化した脊椎動物だ。

　人類がこの深海に再び達するには50年以上かかった。そこはエベレスト山（8850m）の上にワシントン山（1917m）を乗せても足りないくらいの深さがある。次に潜水を行ったのは、映画監督で深海マニアのジェームズ・キャメロンだった。映画『ターミネーター』で名を馳せ、オスカーをいくつも獲得した『タイタニック』（彼はこの映画のために大西洋の海底に潜水し、タイタニック号の残骸を撮影した）でも知られる彼は、海洋探査に関してもプロ並みだ。深海潜水に関わる新技術の開発に、映画の報酬からかなりの額を注ぎ込んでいる。2012年3月26日、彼は物語を広げる新たな経験を求めてチャレンジャー海淵に潜水した。しかし、彼の印象はピカールやウォルシュとはまったく違っていた。世界最深の海を潜水艇で探査した3時間の間（ピカールたちのわずか20分よりはるかに長い）、魚は1匹も見かけず、1インチ（約2.5cm）より大きい生物はいなかったのだ。泳いでいたのは端脚類というエビのような生物だけだった。

　ピカールが魚を見たという話は、こうした深海での観察と一致しないため、現在では疑問視されている。しかし、ピカール本人は知りえなかったが、考え方の点では正しかったことがある。それは

深海にも多くの生物が存在することだ――だからこそ、彼が見た魚のような生物は未だに海底で目撃されていないとしても、私たちの好奇心を刺激してくれたことには感謝したい。キャメロンががっかりしたのは、注目を浴びるような意外な発見が少なかったからだ。彼のいつもの面白い話や深海での発見に関するさまざまな話と比べても、この時持ち帰った試料はかなり少なかった。このほとんど未踏の領域の調査は始まったばかりであり、常に危険と隣り合わせだが、新種を発見できる可能性は大いにある。小さくて危険なカプセルに1人で乗り込み、カプセルの光以外はほぼ真っ暗な闇の中を潜水し、水圧が大気圧の1000倍以上になる場所を訪ねて戻ってこようという人は、誰であれ尊敬されるべきだ。ピカールとウォルシュの潜水艇の故障(外側の窓にひびが入り、慌てて浮上することになった)やキャメロンの潜水艇の故障(ロボットアームが壊れたせいで視界が悪くなり、潜水が短縮された)からも、どれほど危険な状況なのかがわかる。無人潜水機ネーレウスは2009年にマリアナ海溝の潜水に成功したが、キャメロンの潜水の直後にニュージーランドのケルマデック海溝で消息を絶ち、水圧で内破したと考えられている。水深は「わずか」10kmだったが、ネーレウスの設計上の最大耐久深度である11kmで想定されていた水圧を上回る、異常な高圧によって事故が起きたらしい。

こうした障害は驚くことではない。これほどの深海に到達した人は月を訪ねた人よりも少なく、観察や試料採取が行われた場所もわずかで、わかっていることもずっと少ないのだ。チャレンジャー海淵は、エベレストに対して世界最深の地と考えられているが、もっと深い場所がさらに発見される可能性もある。深海では意外な事実が毎年発見される。深海の環境が一様ではないことはわかってきたが、こうした無数の環境は狭くて急速に変化していることも多く、それぞれに新種を育む条件が揃っているため、それまでの知識が一新される可能性がある。

現在、海の大部分は同じような構造をしていると考えられている。これは、変動する構造プレートによって地表が形成され、数十億年にわたる堆積鉱床の形成とプレートの端などで生じる火山活動が加わった結果だ。陸地の端にある干潟から浅瀬、大陸棚と下っていって大陸斜面で急に低くなり(非常に急勾配なことが多い)、もっと勾配のゆるやかなコンチネンタル・ライズ(大陸斜面と深海底の間に堆積物によって作られた斜面)を経て深海平原に達する。海の中央の広大な地域はほとんどが深海平原だ。海はこのような形で大陸と出会うが、海底の火山活動の結果生じた大洋島には他にも多くの種類がある。大洋島では海は岸から急激に深くなり、浅瀬やゆるやかな斜面がないこともある。降下の距離とそれに関わる水空間の大きさは巨大なものだ。人間は、こうした世界では普通に暮らすことができない。スキューバ・ダイビングでは、30mを超えると窒素酔いと減圧症(潜水病)のリスクが増えるため、ディープ・ダイブと見なされるが、訓練を積んだ専門のダイバーは最先端の潜水具を使って600m近く潜水できる。こうして水深500mを超える場所にも海底パイプラインが設置されてきた。だが、スキューバ・ダイビングで300m以上潜水した人の数より、実は月面を歩いた人の方が多い。海の平均的な深さは約4kmだが、これはまだ表面に近い。200mを越せば深海だが、それが地球の表面の66%を占める。さらに、海水の80%は水深1kmより下にある。生物界の大部分は、人間が見ている通りのものでも、見ることができるものでもない。海の世界の5分の4は暗くて冷たくて、大気圧の100倍を超える圧倒的な水圧がかかる環境だ。

深海とその多様性の大きさについて大まかにわかってきたのは比較的最近のことだ。キャメロンの潜水艇であるディープシーチャレンジャーの名前は、1870年代に初めて世界的な海洋調査を実施したイギリスの軍艦チャレンジャー号に敬意を表したものだ。かつてのイギリスの軍艦は科学者の研究用に転用され、世界中を回って海水と海洋生物の試料を採取した。3年間で12万5000kmを超えた旅では約4700の新種が発見された。深海に多数の生物がいる可能性を示したことでは、チャレンジャー号探検航海は革命的だった。この航海で、光が届かないところから下はほとんど死の世界だという、当時主流となっていた理論は覆

された。この説は、有名な博物学者のエドワード・フォーブスが、1840年代に地中海の探検を行ってから唱えたものだ。彼は、水深540m以上は「無生物帯」だとした。これはチャレンジャー号探検航海によって否定され、現在では無生物帯説は、不十分な試料採取による間違った考え方の典型と見なされている。大西洋とインド洋、南極海、太平洋にまたがるチャレンジャー号の旅では、手間のかかる492回の深海測量を360カ所で行った。測量では、先端に試料採取用の器具と重りをつけたロープをくり出すが、機材トラブルや正確さの問題が起きやすく、現在の最新技術に比べると古臭く見える。原始的な機材にもかかわらず、この時の測量によって現在のチャレンジャー海淵が発見された。世界のつなぎ目のように連なる巨大な山頂と、それに沿ってプレートが引き離されていることを示す割れ目が走る大西洋中央海嶺も発見された。

　チャレンジャー号が持ち帰った地質学的・生物学的証拠に刺激されたビクトリア朝の著名な科学者たちは、失われたアトランティス大陸についての仮説を立て、波の下に消えた偉大な文明という伝説について論じ合った。アトランティス大陸の証拠はなかったものの、大西洋中央海嶺から海の進化の原因と結果について、それまでとは違う考え方が示唆された。一方、チャレンジャー号の科学者たちは、発見された多様な新種と、試料の類似点や相違点の方に興奮しがちだった。海底の地形に関する彼らの知見は、海はそれまで考えられていたのよりもずっと古くて巨大だという感覚を裏付けたのである。

　数年後には、ドイツの気象学者で探検家のアルフレッド・ウェゲナーが、海嶺や海溝などについて得られた新たな洞察と世界中の種の間に見られる関連性を説明する、急進的な新理論を唱えた。彼は、大陸は地球の表面を何百万年も漂っており、化石証拠や地質学的証拠は、さまざまな大陸がかつてはつながっていたことを示していると考えたのだ。この説は広く批判され、ウェゲナーがグリーンランドの雪の荒野で探査中に死亡した1930年になっても、あまり支持されていなかった。現在では、この説は生物の関連性に関する理解の柱となっており、プレートテクトニクス理論や、プレートの動きが地表におよぼす作用に関する解釈に影響を与えている。ウェゲナーはチャレンジャー号探検航海などの研究で得られた手掛かりから、地球の長い歴史の間に起きたとされる多くの出来事の基盤となるアイデアを思いついた。漂う大陸というウェゲナーの理論は現在否定されている。大陸が離れたりくっついたりするのは自ら動いているからではなく、大陸を乗せたプレートが互いに分離しつつあったり（大西洋中央海嶺など）、別のプレートの下に潜り込んだり（マリアナ海溝など）しているからだ。しかし、ウェゲナーが、地球を巨大な丸いルービックキューブのようなものと見なし、パーツが移動して他のパーツに影響をおよぼすと考えたことは重要な突破口となった。

　その後の海の測量は、20世紀初めの大事件に影響を受けてきた。1912年には豪華客船タイタニック号が氷山と衝突し、第一次世界大戦ではイギリスのルシタニア号がUボートの攻撃によって沈没したため、海の謎を調査し解明する必要に迫られたのだ。水中の物体を見つける方法として反響定位（エコーロケーション）が開発されたのは、これらの惨事が一因だった。その後の転換点となったのは1922年6月、アメリカ海軍の物理学者ハーベイ・C・ヘイズが新たに開発したヘイズ音響測深器を使って大西洋を横断しながら約900カ所を1週間にわたり調査し、海底の形に関する情報が大幅に増えたことである。

　1925〜1927年にはドイツ船メテオール号が大西洋で大規模な探査を行った。その主な目的は莫大な賠償金を払うために、海水から経済的に金を採取できるかを調べることだった。メテオール号の乗組員は主要な任務は達成できなかったが、海洋科学の理解を前進させることはできた。金は海水にわずかに含まれているが、後に第二次世界大戦の原因と見なされることになった賠償金を払えるほどの量は得られない。音響測深機を使った探検で確認されたのは、大西洋中央海嶺の稜線だった。

　1950年代になると、アメリカの海洋研究者マリー・サープとブ

私たちは
月の表面や火星のことを、
深海の海底よりも
よく知っている。
　　　── ポール・スネルグローブ

テーマⅣ　深海

ルース・ヒーゼンが主導した研究によって大西洋中央海嶺の全貌が明らかになり、ウェゲナーの理論が裏付けられた。彼らは音響測深データを用いて1957年に北大西洋の最初の地形図を、1977年に全世界の海底の地図を初めて発表した。海嶺の割れ目（サープとヒーゼンが偶然発見したもの）は火山の亀裂であり、プレートが分離している証拠であること、これが大陸移動を起こしている駆動力だということもわかった。大西洋中央海嶺では海底が年間約2.5cm拡大しているが、アフリカプレートを2つに分離しつつある大地溝帯でも同様の現象が見られる。最終的には、この地溝帯はアデン湾の水が入り込むほど深くなり、アフリカの角（アフリカ最東北端の半島）は島になるだろう。

　その後、高度なソナー装置で海の深さと海底の地形の詳細な地図を作製できるようになった。しかし、ロボットや人間を送り込むことはできておらず、何があるのかは未知のままだ。38万4000km離れた月のことはわかっても、数km下の海のことはわからない。

　海の中を見ようとするとどうなるか、知っておくのはいいことだろう。海水は透明なのに、普通は深いところまでは見ることができない。コップの水の向こうは多少歪んでいても楽に見えるが、海水ではいくつかの要素が視覚に影響する。まず、海面が光を反射するので見えにくく、波の下がまったく見えないこともある。これは、さざ波やうねりが多いほど多くの光が反射されるため、鏡とよく似た作用が生じるからだ。水中眼鏡をつけて潜ればもっとよく見えるが、深海を覗き込もうとすると別の要素が作用して視覚が大きく制限され、すべてが深い青色の中で見えなくなっていく。海水の色は、1滴1滴の海水に含まれる葉緑素と有機物（膨大な数の生物）によるフィルター効果が積み重なって決まるが、透過する光の波長にも左右される。人間が色として認識できるのは、最終的に吸収されずに残るスペクトルの青色の部分だけで、この色が一番遠くまで届く。要は錯覚で、いろいろな深さから海水を採ってきてコップに入れたら、どれも透明度はあまり変わらない。ただ、この光の吸収と透過の作用はあまりに強烈で、海に対する大昔からの人間の考え方に多大な影響を与えてきた。「海の青さ」という言い方があるが、緑と表現することもある（荒れた海では吸収される光のスペクトルが違ってくるため）。しかし、もし海が、大気と同じくらいに光を透過したらどうなるだろうか。月や星、夜空を横切る衛星まで見えるのに、深海は見えないのだろうか？　答えは「見えない」だ。1滴の海水には大気よりもずっと多くの生物が含まれている。フィルター効果がなくても、海水は濃い霧のようなもので、先を見通すことはできない。

　そのため私たちは手掛かりを探し続けている。わからないことはまだまだ多いが、海に対する現在の考え方は、チャレンジャー号の乗組員が発見したこととは非常に異なっている。とはいえ、土台を築いたのは彼らだ。世界各地の海水の試料からは、未発見の生物の多さがわかった。持ち帰った標本の科学的価値は、チャレンジャー号帰還からの19年間で50巻の報告書が出版されたことからもわかる。チャレンジャー号の多くの発見によって、新種の分類に用いられる「タイプ種（その種を代表する標本）」が確立され、標本の一部は現在でもロンドンの自然史博物館に収蔵され研究に使われている。

　チャレンジャー号の科学者は、測深以外にも温度や海流の測定方法を開発し、異なる水深から水と生物の試料を採取しようとした。ほとんどの方法は目新しいものではなかったが、方法よりも発見に集中する方が望ましい。試料採取のたびに新たな生物が運びあげられ、船上の博物学者にとっては新たな業績をもたらす瞠目すべき瞬間の連続だったに違いない。一般乗組員はというと、水夫のジョセフ・マトキンの回顧録によれば、最初は海淵の不思議に対して興奮したものの、そのうち夕食は何か、マデイラ・ワインの配給があるかどうかなどの方が重要になったことがわかる。そこにははっきりした階級分けがあった。マトキンは家への手紙で「科学者たちが情報と標本を独り占めしているので、そちらが探検航海について新聞で知ることと船上の自分たちが知っていることに、あまり変わりはないだろう」と書いている。さらに

注目すべきなのは、技術は当時から劇的に進歩したのに、やるべきことはまだまだあるということだ。その一因は、海の世界の研究に使われる資金が比較的少ないことだ（チャレンジャー号の時代にも、多数の発見にもかかわらず、その後の任務に資金が提供されることはなかった）。宇宙探査機を火星などに送るために使われた額と比べると、大規模な海中の調査に使われた金額は意外なほど少ない。

深海を研究する上での問題は、変わり続ける4次元の世界が対象だということだ。ここでは、水の移動とともに何百万もの生物も上下左右あらゆる方向に移動するため、すべてが変化し続けている。海流は海底の環境を急激に変化させ、堆積物を洗い流してその下にあるものの位置を変えてしまうことがある。深海の水は水温や塩分濃度によって多くの層に分かれ、それらの層と深さの違う場所に存在する生物との関係について理解するのはさらに難しい。ある地点で潜水探査機による海中や海底の調査が行われても、海流や動物たちの移動によって新たな発見がもたらされるため、別の日には、いや次の瞬間にも、何かが違っているだろう。生物が移動する主な理由は、人間が移動し続ける理由とよく似ている。人間はお金があるところに移動し、深海の生物は食物がある場所に移動する。食物は予想もつかない形で上から降ってくるのが普通なので、その下にどんな種がいるのかも予測できない。海底でさえ、堆積物が不変であることはめったにない。植物のような生物が成長していたり、動物が暮らしていたり、気まぐれな海流によって移動したりしているからだ。こうした状況がどんな食物を、いつ獲得できるのかに影響し、今度はそれが、どんな生物がいるのかに影響する。1970年代から、多数の研究者が生物の多様な局所集団のモデルを改良してきた。特殊な環境にある小さな局所集団で種の分化と特殊化が起き、そのため深海に大規模な生物多様性が生じるという過程を説明するため、「海底の熱帯雨林」という言葉が使われることが増えている。これは、熱帯雨林の林冠では、1本の木の上でも独特な生態系が維持されていることになぞらえたものだ。変わった甲虫が木のてっぺんの微小環境で見つかるように、深海の生物も、海溝や海底から黒い熱水を吹き出す熱水噴出孔のブラックスモーカーのような、非常に特殊な環境に適応している可能性がある。

生物が海中で文字通り「流れとともに進む」プロセスを理解するには、天候について知る必要がある。地上の天候とは違うが、深海を通り抜けて降ってくるもの、つまりマリンスノーがあるからだ。一番上の海水は有光層（最大で深さ200m）と呼ばれ、光合成が可能なので植物が育ち、食物連鎖が生じる。そこから下にいる生物は、上から降ってくるものか、近くにいるものを追いかけて食べることになる。生物の死骸や上の生物が食い散らかした残り物など、さまざまな有機物が絶えず降ってくる。降ってくるものは深さによって違い、どの層もそこにいる生物や状況、上にいた生物の残骸の影響を受ける。マリンスノーは降り続けるが、量と中身は変化する。春に藻類が爆発的に増えると、その後すぐに消費されなかったものが降ってくる。タラやシャチのような肉食の生物の群れが移動している時は、食物の切れ端が点々と落ちて飛び石のようになる。マリンスノーは下の各層でその日食べられるものを左右し、生物は食物を追いかけて移動する。その移動を支配しているのが、食物とそれを食べるものをコンベヤーベルトのように運ぶ大小の海流だ。その結果、ある場所での光景は一瞬後には違っている。その様子を見ると、ヘラクレイトスが紀元前500年頃に初めて明らかにした「同じ河に二度入ることはできない」という人生観がより確かなものに思えてくる。彼は「万物は動き、何一つ留まることはない」とも述べている。彼が語っているのは一般的な存在についてだが、この言葉は海のすべての生物についても正確に当てはまる。

こうした変化する状況もあり、深海の生物を追跡し生態系について詳しく解明するのは非常に難しい。生物は固定されておらず、海中で何が見つかるかは、ひたすら推理するしかない。6億5000万ドルを投じて行われた10年間にわたるプロジェクトである「海洋生物のセンサス」は2010年にその調査結果を報告し、1つの種につけられた複数の名前を照合した結果、既知の海洋生物は約23万種あると結論づけた。その一方で、これは海の

全生物種の20%に過ぎないと指摘している。「海洋生物のセンサス」では、既知の試料と「知らないと知っていること」（かつてドナルド・ラムズフェルドが困難な状況を説明しようとした時の言葉）に基づく複雑な推論により、未発見の種は少なくとも100万種以上あると結論した。未知の海洋生物種は1000万種近いという推測もある。これらのほとんどが深海に存在しているはずだ。

それでは、海の世界について詳しく知るにはどうしたらいいだろう？　独創的な解決策がいくつか発明されている。最も成功した方法の1つは、YouTubeで数百万回も閲覧されている。それはアバディーン大学が作った先駆的なツールで撮影したマリアナ海溝の映像だ。これまでどんな魚も記録されたことのなかった水深8kmに暮らすクサウオ科の新種も映っている。ピカールが魚を見たと主張した水深より浅いが、もっと深いところに魚がいる可能性はあるということだ。これらの映像は、9つの機関が共同で超深海域の最後の5kmを調査した超深海生態系研究（HADES）プログラムの一環として作成された。超深海域は水深6kmを超えた最も深い領域で、深海底からさらに下の海溝に限定され、ほとんどが太平洋の周囲にある。アバディーン大学の海洋研究チームは、超深海着陸機（ハダル・ランダー）という無人の自動着陸機をいくつも作成した。これは深海の膨大な水圧に耐えられる、丈夫でかなり単純な装置だ。脚部に重りのついた高さ約3mのピラミッド型で、初めて月に着陸したアポロ11号の月着陸船を思い出させる。これにカメラと餌をつけて船上から降ろせば、海底まで沈んでいく。餌（サバがよく使われる）の周囲で起きることを撮影した後、シグナルを送って重りを切り離すと浮かび上がり、海面まで戻ってくるというしくみだ。設計と研究を主導したアラン・ジェーミソン博士は、これまでの記録を破る水深でクサウオが観察されたことについて、「この超深海魚はこれまで見たり聞いたりしたことのあるどんなものにも似ていない。信じられないほど体がもろく、翼のような大きなヒレと、漫画で描かれる犬のような頭を持っている」と述べている。

餌の周囲に集まった奇妙な生物について特に不思議なのは、彼らが比較的マリンスノーの少ない領域に住んでいることだ。この海洋研究所が研究対象としているマリアナ海溝やケルマデック海溝、トンガ海溝の海面は、たいてい海水が透明で青い。まるで絵葉書のような熱帯の海だが、それはつまり降ってくる有機堆積物がごくわずかで深海生物が頼りとする死骸がないということだ。天の恵みとなるべく用意したサバは、非常に効果的なことがわかった。通常の状況を考えると、クサウオくらいの大きさの生物が、めったにない食料が得られることを期待してこの付近をうろついているのは驚くべきことだろう。普段の彼らはいったい何を食べているのか？　彼らの代謝は、低温で酸素の少ない水中ではかなり遅いと考えられている。深海では時間の経過はゆるやかだ。そこでは、生物は慎重にカロリーを燃焼して長期間生存する。

これらの動物は、海面近くの植物プランクトンの光合成に依存している食物連鎖が、大きな生物までたどり着き、その死骸が深海に沈んでくるという一般的な法則に従っているように見える。だが、すべての深海生物がそれに依存しているわけではない。他の法則が当てはまることを示す証拠も増えている。私たちの知らない生物が暮らす深海は別世界であり、そんなことがあっても不思議ではない。1970年代、ガラパゴス群島沖で水中の火山活動を調べていた研究チームが、海底に硬い火山岩しかなく海水も酸欠状態のため、生物はほとんどいないと考えられていた熱水噴出孔で、不思議なほど大規模な生物の局所集団を発見した。かなり旧式の潜水艇アルビン号で水深2.5kmまで潜り、窮屈な環境で働いていた研究者のジョン・コリスとジョン・エドモンドは、外をのぞいた時のことをこう述べている。「素晴らしい風景……オアシスだ。イガイなどの二枚貝の群生が、カニやイソギンチャクや大きなピンク色の魚といっしょにゆらめく海水に浸かっていた」。後でわかったことだが、これは光合成ではなく化学合成を基盤に生じた生物群だった。彼らが目撃したのは日光を糧とする細菌に基づく食物連鎖ではなく、火山活動で豊富に供給される硫化水素を糧とする細菌に依存する生態系だったのだ。海嶺の周囲の火口に流れ込んだ水は、分解されて硫化

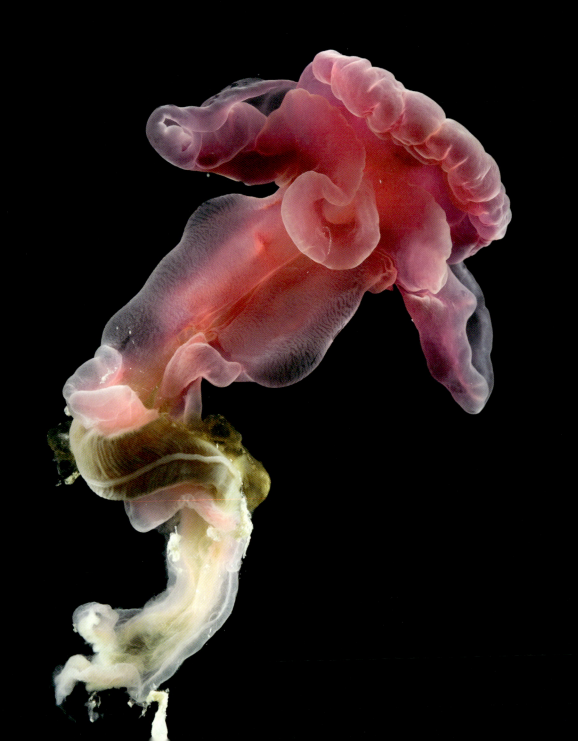

海は油断ならない敵であることを
考えてみるがいい。
最も恐ろしい生物たちは
水中を滑らかに進んで
ほとんど姿を見せず、
この上なく美しい紺碧の色の下に
裏切り者のように潜んでいる。

—— ハーマン・メルヴィル

テーマⅣ　深海

水素を生じる。海水は地震活動によって上昇する熱とガスにゆらめき、そこで新しい生物が繁栄する。この生物の本質がやっとわかったのは、運びあげた試料を開けて腐った卵のような硫黄の匂いに気づいた時だった。何百万年もの間にまったく異なる生物によって進化してきた生物の連鎖は、似てはいるが極めて異なる法則によって機能していたのだ。こうした化学合成生物の局所集団は、海嶺の周辺や海穴や峡谷、地殻の断層によって火山の熱と鉱物が海水と接する場所など、世界中に存在している可能性がある。そこに構築される独特の生態系では、さまざまな地質作用のために、他の場所とは異なるさまざまな化学合成生物が見られるはずだ。それでは、あとどのくらいの種が発見されるだろう？　他の法則で栄える生態系が見つかることはあるのだろうか？　その可能性は高い。海は人間の手や考えがおよばないほど深くて広いからだ。

　深海の話題を終える前に、人間の恐怖心をかき立て、伝説をもたらし、海洋科学者に未解決の疑問を今も提示し続ける、深海の生物の最も不思議な側面について触れておこう。それは深海生物が巨大なことだ。深海の生物は、浅い海で見つかる仲間たちより極端に大きいものが多い。ダイオウイカやさらに大きなダイオウホウズキイカがその例だ。これらの生物は浜に打ち上げられたりトロール船に捕まったりした死骸がたまに見つかるだけだが、最大で全長14mに達すると言われる（もっと大きくなる可能性もある）。彼らは水深2kmかそれより深いところに生息しているため、生態や生息数はよくわかっていないが、生態系の他の生物におよぼす影響から、魅力的で重要な生物であることは間違いない。例えばマッコウクジラの胃の内容物の分析によれば、彼らの餌の約80％はダイオウホウズキイカとされる。餌の方もそう簡単に捕まったりはせず、マッコウクジラの背中には、イカが身を守ろうと爪のついた触手で攻撃したことを示す傷がしばしば残っている。巨大化の例は他にもある。長さが17m近くになる巨大なリュウグウノツカイには「ニシンの王」という誤った呼び名があるが、ニシンにはまったく似ていない。カンテンダコは全長3mかそれ以上に達する。タカアシガニは足を広げると4m近くある。ダイオウグソクムシはワラジムシと近縁で姿は似ているが、ワラジムシが人間の指の爪くらいなのにこちらは両手を横に並べたくらいの大きさになる。巨大なヨコエビの仲間はゴキブリに似ているがずっと大きく、不気味な生物だ。超深海域の研究で触れたアラン・ジェーミソン博士は、水深約7kmでのこの種の発見にも関わっていた。彼は「まるで30cmのゴキブリを見つけたようなものだ。私ははたと考えた。『あれは何だ？』。その端脚類は私の予想よりはるかに大きかった」と述べている。

　巨大化の原因はまだはっきりしていない。深海の低温が原因だとする理論はあるが、これは必ずしも当てはまらない。水圧が原因だという推測もあるが、それでは大きさの説明にはならない。例えば最大のクラゲであるキタユウレイクラゲは、寒い海域の海面近くで見られる。巨大化した生物のほとんどに当てはまるような簡単な法則はない。わかっているのは、未発見の驚くべき深海の怪物に出会う可能性はまだまだあるということだ。

　私たちが陸や海の生物に関わる時には、人間と少し似ているか同じような振る舞いをするものに共感したり、興味を持ったりしがちだ。深海の奇妙な巨大生物と比較しやすい陸上の生物を見つけようとするのもそのせいだろう。深海の生物を擬人化し、人間とは程遠い生物に人間のような性質を与える。これはペットならともかく、ほとんどの野生生物ではすぐにうまくいかなくなる。あまりに違いすぎているせいだ。もし海洋生物にそれほど魅力を感じないとしたら、それはつまり、感情的な結びつきも少ないということだ。クジラやウミガメ、渡り鳥のようにもう少し身近な生物なら、もっと簡単に絆を感じ取れるかもしれない。しかし、それでは海の性質について誤解することになる。日本の小説家の村上春樹は次のように書いている。

　　私たちは習慣的にこれが世界だと思っているわけれど、本当はそうじゃないの。本当の世界はもっと暗くて、深いところにあるし、その大半がクラゲみたいなもので占められているの

よ。私たちはそれを忘れてしまっているだけなのよ。そう思わない？地球の表面の三分の二は海だし、私たちが肉眼で見ることのできるのは海面というただの皮膚にすぎないのよ。その皮膚の下に本当にどんなものがあるのか、私たちはほとんど何も知らない。

――テーマⅣ　深海

テーマⅤ　利用 —— 資源としての海

　海のことを知らず、海を生活に利用していない世界を想像するのは難しい。しかし、大昔には、人類はそうやって生きていたようだ。人類はアフリカの森にいた類人猿のような生物から生まれ、現在の形にゆっくりと進化したと考えられている。ある時、人類の祖先が狩りに出かけ、いつもより遠くまで獲物を追いかけて見慣れない場所を進んでいる時に、坂のてっぺんから、遠くにちらつく銀色がかった青い光が見えたりしたのかもしれない。海岸に着いた時には、世界の端まで来たように感じたはずだ。そして、ある意味ではその通りだった。その向こうに旅する方法を見つけ出すまでは。

　ホモ・サピエンスの起源は紀元前10〜20万年に遡り、長い間、海の旅は早くても紀元前4〜6万年のことだと考えられていた。だが、今は違う。人類の祖先であるネアンデルタールやホモ・エレクトスなどは、食料源として一部の海洋生物を利用する方法を習得しており、海を渡るための船も造っていたとされる。インドネシアのフローレス島にホモ・フローレシエンシスが存在したという証拠から、最初の航海は80〜90万年前だったとする説もある。フローレス島で見つかった道具や人工物は、人類の祖先が18 km以上も海を渡ってこの島まで到達したことを示している。問題は、こうした遠征が計画的だったのか、事故だったのかだ。そんなつもりはなかったのに筏が流された場合も、海を渡って住み着いた場合もありうる。海上の旅の原点を示す証拠としてもっともよく知られているのは、初期の人類が5万年ほど前にオーストラリアに移住したという事実だ。この際、何らかの船が使われたはずだ。彼らは現在のオーストラリア先住民の遠い祖先であり、アフリカを出た後、アジアを通って移住した最初のホモ・サピエンスの子孫でもある。船を造る知恵がいつ登場したのかはわからないが、何世代にもわたって航海の経験を積み、オーストラリアに着くことを予想したうえで出発したのだろう。

　最初の船は筏で、次は適当な大きさの木の幹をくり抜いたカヌーのような丸木舟だったと考えられる。ノルウェーの冒険家トール・ヘイエルダールが示したように、初期の人類は筏で驚くほど長い航海をすることができた。1947年、ヘイエルダールたちはペルーから筏のコンティキ号に乗って出発し、101日かけて約8000 kmを旅してポリネシアに到着した。ヘイエルダールは洋上の旅に不安を感じていたが（彼は子どもの時に溺れかけた

ことがあり、筏の上で命の危険を感じる時もあった)、原始的な船で驚くほどの距離を移動できることを実証した。この業績は映画化されて本になり、彼は世界中で有名になった。筏の構造が困難な旅に耐えられるだけでなく、魚を引きつけるポイントとしてもうまく機能し、旅の間に魚を捕えて食べたりできたことも証明された。これらの魚から水分を十分に摂取できたため、古代の船乗りも海上で長期間生き延びることができた可能性がある。また、ヘイエルダールはパピルス製の船で長距離を航海できることも示した。人類学者は、ヘイエルダールの旅の針路には疑問を持っており(初期の人類はほとんどが西ではなく東に移動したと考えられている)、頑丈で単純な筏や船がどのくらい遠くまで移動できたのかを示す実験はさらに行われている。

人類が海を利用して移動し、漁や探索を始めたのは森を出た直後のことらしい。航路の決め方もほとんど知らずに、未知の海に原始的な船で漕ぎ出すことは確かに危険だが、陸上での危険とあまり変わらないものだったはずだ。陸上の狩りでは、一般的に人間は足が速い獲物や反撃してくる獲物を追い詰める。陸上では、昼食をとりに出かけることは常に危険な行為だった。対照的に、釣りの基本は当時からそれほど変わっていない。技術は進歩したが、おおざっぱに言えば、魚がいつどこにいそうなのか当たりをつけてから、舷側に釣り糸や網を垂らして最善の結果を期待する。ある意味、釣りは半分だけ農業に近くなった狩りのようなものだ。昔の人間は作物を育てていない間に、殺されるか大怪我をさせられる危険がある動物や簡単に逃げてしまうような動物を狩ることより、沿岸で魚を獲る時の危険と見返りの方を選んだのかもしれない。狩りのリスクの高さ(豪華な食事か飢えるか)とは対照的に、海岸なら毎日ほぼ一定の食料が手に入る。網や籠、釣り針が発達し、岸にいる甲殻類や軟体動物を簡単に採取できたこともあって、沿岸部の魅力はどんどん増していったのだろうし、それは今でも変わらない。東ティモールの洞穴で発見された4万2000年前のマグロの骨から、人類の祖先がマグロを獲る知識を十分に持っていたことがわかる。マグロは沖合の深い海にいるので、漁師は浅瀬をうろつくのではなく、ある程度の深い海で釣りを行っていたということだ。岸の近くまで来る若い魚が多かったのかもしれないが、網や釣り糸を仕掛けるには、比較的深いところまで船を出さなければならなかっただろう。

つまり、人類の祖先は海を渡ろうと考える前に、海岸沿いでの採集生活で潮間帯の豊かさに気づいたと考えられる。波打ち際や岩場のさまざまな動植物を処理して食べることが基盤となり、地域社会全体が発達したのだろう。同時に、初期の船によって移動が簡単になったため、地域ごとの特産物を交換した可能性がある。荒波から守られた海岸には食料がたくさんあったはずだ。海底が傾斜したちょうどいい向きの安全な港ほど、さまざまな海の生物が住み着きやすい環境はほかにない。だが、魚の大群が1つの場所から移動する前に人間が利用できる量はたかが知れているし、そうでなければその獲物に飽きてきた可能性もある。一部の海洋生物種は1カ所に長く留まりたがるが、他の種は移動することが多いので、交換できる品はおのずと限られてくる。初期の人類は、こうした場所で食物の大部分を得て、余ったもので財産を増やせただろう。食物を追って常に移動する必要があった陸上での狩猟採集生活とは対照的に、好ましい条件と海流に恵まれた豊かな海岸は、潮の干満のたびに新鮮な食物をもたらしてくれる。初期の集落については推測するしかないが、食料が潤沢に供給された可能性を考えると、東ティモールの遺跡以外にも、海岸には大きな定住集落があったと考えられる場所がいくつかある。しかし、それらの場所は海面の変動と風化や侵食によって残念ながら完全に損なわれてしまったことだろう。

ギリシャ人の祖先が、既知の文献でわかる時期よりずっと前から、船を使って島々の間で交易を行っていたはずだということはわかっている。こうした航海が推測されているのは、黒曜石(道具として使われるガラス質の火山岩)の破片が、天然の黒曜石を産出しない島々でも見つかるからだ。だが、この証拠は船の存在を暗示しているだけだ。サウジアラビア、バーレーン、カタールやメソポタミアの一部で見つかった陶器類に描かれた証拠によれば、紀元前5000年頃にはもっと進んだ造船技術と航海技術が

> どんな時も、
> 海は強い憧れで彼女をいっぱいにした。
> ただ、何に対してなのかは
> 自分でもわからなかった。
>
> —— コルネーリア・フンケ

利用されていた。当時の船の遺物は、その頃一流の造船技術を持っていたと思われるクウェートでも発見されている。交易の主要ルートとしての海の利用は、砂漠が背後に控えている社会の経済的基盤となった。海はほとんどの生物と資源が存在する場所だったのだ。船は、浸水から船体を守る防水処理を施した葦（あし）で作られていたようだ。防水処理のことがわかるのは、表面にフジツボがついた歴青（れきせい）（天然アスファルト）の破片が発見されたからだ。これらの破片は大昔のリサイクルの一例かもしれない。使われなくなった船から取り外し、溶かして新しい船の防水材や修理に再利用していたのだ。歴青は、地中深くにある原油層から地表にしみ出たもので、地下に石油という富がある証拠であり、今では原油は湾岸地域だけでなく世界経済や政治を変化させている。

大昔の海の商人によって、フェニキア人によるどことなく謎めいた古代帝国の土台が作られた。彼らは、地中海周辺で交易するためにアラビア半島からやって来たと考えられている。それは海の商人の技術と秩序の上に築かれた大国だった。フェニキアが古代エジプト人と古代ギリシャ文明を結びつけたことが、ローマ文明の勃興につながった。フェニキアは実際には1つの場所というより、沿岸部で盛んに交易を行っている都市国家がゆるやかに結びついた連邦国家だった。フェニキア人の特徴は彼らの技術革新と、早くから航海や資源、交易に熟達していたことだ。そのため彼らの都市は豊かになり、他の文化から人々を引きつけた。画期的な取り組みの例が、貝紫（かいむらさき）の専売だ。貝紫は明るい日光が当たっても長持ちし、使っていても色褪せるどころか濃くなるように見える美しい紫色のため、高く評価されていた衣料用染料だった。この染料の原料は、アッキガイ科の巻貝から取れる。貝紫は非常に人気が高く、フェニキアと深く関わっていたために、「紫の地（フェニキア）」という名がついた。ただ、フェニキア人は貝紫の発案者ではなかったようだ。古代メキシコ人も巻貝から染料を得ていたが、貝紫を最初に使ったのは紀元前2000年頃のミノス人かもしれない。ローマ時代に神話を書き記したポルクスによれば、ギリシャの英雄ヘラクレスが、巻貝を噛んだ愛犬の口が紫色に染まったのを見たことで、この染料の存在が知られるようになったという。起源は何であれ、フェニキア人は紀元前1500年頃から貝紫の交易で知られていたし、その1000年後も貝紫は非常に高く評価されており、一時は同じ重さの金に相当する価値があるとされた。強いて言えば、もっと高くなかったことの方が

驚きだ。1gの貝紫を作るには1万個の巻貝の一番いい部分が必要だったが、それでも長衣の裾しか染められなかった。この染料の価値の高さは、高位の聖職者や統治者の衣服に使われたことからもわかる。別の巻貝から作られるインディゴブルーの染料もフェニキア人によって取り引きされていた。現在も北アフリカの一部の文化で藍色が好んで使われるのはそのためだろう。

フェニキアは紀元前400年以降にアレキサンダー大王などによって征服されたが、商人の海洋国家という観念は残った。フェニキア人はクレタ島やトルコの海岸線から地中海の南部を旅してジブラルタルやバレアレス諸島に至り、一部は力ずくで手に入れて、海を基盤とする商業国家を打ち立てた。軍事力を後ろ盾にした貿易による権力モデルは、現在まで残って古今の偉大な帝国の発展の中核となり、19〜20世紀初頭の大英帝国の巨大な海洋力(国家が海洋を支配し、活用する能力の総称。海上権力とも言う)で頂点に達したと思われる。海で権力を築いた支配者については、「制海権」という印象的な言葉がある。この概念は、初期のフェニキア人から「海の民」(紀元前1200年頃にエジプト新王国を大いに悩ませた、まとまりのない海洋商人の集団)へ、さらにはヴェネツィア共和国の戦う商人を経て、15〜16世紀のポルトガルとスペインのような探検帝国からオランダへ引き継がれた。そのオランダは大英帝国に敗北し、大英帝国は世界中の海に勢力を拡大して世界人口の5分の1以上を支配した。20世紀中頃からは、海洋力はアメリカとソビエトの海軍に引き継がれ、現在は中国人商人の海洋力が世界に大きな影響をおよぼしている。彼らはオーストラリアとアフリカから鉱物を輸送し、ニカラグアの新しい運河建設に資金提供し、パナマ運河無力化(ニカラグアに運河ができればパナマ運河の重要性が大幅に低下すると考えられている)を試みている。沿岸部を持つほとんどの大国は重要な交通手段や支配手段として、また帝国の繁栄を可能とする各地の貿易に必要不可欠なものとして、海洋力を保有することが多い。

海洋力は昔から貿易だけでなく資源の獲得や分配に不可欠だったため、海洋力を持たない国家はそのほとんどが短命だった。例えば中世の頃ですら、北海のどこかで作られた燻製ニシンが、あちこちで取り引きされたあげくコンスタンチノープル(現在のトルコのイスタンブール)まで輸送されていた——航海と海産物は文明に不可欠なのだ。私たちは魚や海から手に入る他の産出物で海の価値を測りがちだが、海の最大の価値は、海であることそのものだったと思われる。海の水や風、海流によって旅が可能となったことで、船に乗って荷物を積み込み、ある場所から別の場所へと、陸路で運ぶのに比べて簡単に早く移動できるようになった。

巻貝から作られる素晴らしい染料は、国家や帝国を築く土台となった何千もの海の資源や産物の1つに過ぎない。人間は海藻からクジラまで何でも食べるが、海から得られる鉱物にも依存を強めてきた。最近では、19世紀の宗主国間による「アフリカ分割」に匹敵する海底の争奪戦が始まっている。現在、北極海と南極海の周辺を利用する試みと、大陸棚延長申請に関する議論が起きており、後者は新たな紛争の原因となりかねない。ロシアは自らの主張を象徴するため、水深約4kmの北極点の海底にサビに強いチタン製の国旗を潜水艇で設置した。北極点はロシア国境から200海里(約370km)の排他的経済水域よりずっと離れているが、ロシアはシベリアの近くからカナダまで延びるロモノソフ海嶺に基づいて大陸棚拡張を主張している。この主張が論争の的になっていることは言うまでもない。

国連の推定によると、現在海から得られる資源の価値は年間7兆ドルを超える可能性があり、2025年には世界人口の75%が沿岸地域に生活し、海から何らかの経済的・文化的影響を受ける可能性があるという。単純な経済分析によれば、現在最も価値のある海洋資源は、海底の下に残された石油やガスなどの膨大なエネルギー資源だと考えられる。これらの資源は手の届かない場所にあることが多いが、石油価格が上がれば市場の原理によって、以前は聖域とされていた北極海や南極海といった領域や深海を調査できるような条件が整うだろう。ただ、探査と資金の回収がビジネスとして成り立っても、環境保護主義者には歓迎さ

れそうにない。気候変動の専門家は、海の下に封じ込められている貯蔵炭素をさらに放出すれば、地球温暖化が大幅に加速すると懸念している。そのため、海を利用する別の持続可能な方法が提案されている。代わりとなる海の重要な資源は、潮流や波の動きを利用した発電による再生可能エネルギー（グリーンパワー）だ。海を利用した発電方法の開発は数十年前から試みられてきた。潮力発電に関する最初期の研究は1920年代にアメリカで、その後はカナダで行われたが成果は得られなかった。最初の潮力発電所（基本的には河口を横断する一種のダム）は、1960年代にフランスのランス川で建設された。次の潮力発電所はしばらく作られなかったが、ここ20〜30年は増加している。現在、最大の潮力発電所は韓国にあるが、新しいアイデアは進歩し続けている。世界的な技術的関心が高まる中、イギリスのウェールズにあるスウォンジー湾では、潮力発電用の巨大な潟湖（ラグーン）が造成中だ。カナダのノバスコシア州にあるファンディ湾は干満差が世界最大で、インストリーム・タービン技術という新しい潮力発電法の試験が行われている。この技術はダムを必要とせず、安価で環境へのダメージも最も少なく、さまざまな場所にすぐに設置できる。インストリーム技術では、潮流をせき止める巨大な構造物を建設して無理に圧力を高めたりせず、海水がタービンを急速に通過するだけだ。波力発電は、波力エネルギー変換器を用いて海のエネルギーを利用するもう1つの方法だが、最初の波エネルギー変換装置（波の動きを利用してポンプや水車、のこぎりなどを動かす装置）が1799年にフランスで特許を得ているにもかかわらず、開発はあまり進んでいない。以来、波のエネルギーを利用しようと何度か投資も行われたが、どれも失敗に終わった。

現在、こうしたとらえどころのない波の力の利用方法を開発しようと、世界各地の海で多くの研究プロジェクトが行われている。それが成功し、効率が高まり化石燃料由来のエネルギーと競合できるとわかれば、ビジネスとして成功する他に、気候変動の脅威に対する世界的展望も劇的に変化するかもしれない。その時には、人間が必要とする電力をほとんど無限に供給する方法が見つかり、環境を守り回復させることもできるようになるはずだ。

だが、期待しすぎは禁物だ。これまでのことを考えても、波を制御するにはまだまだ時間がかかるだろう。

実際、どちらがどちらを制御しているのかという点では、人間はただ海の資源を利用しているだけでなく、海によって生み出されたのだと自覚する必要があるだろう。海から受ける恩恵はますます大きくなっており、以前より大量の海産物や資源が必要な上、海岸の近くに暮らし、海の恵みに依存する者も増えている。それに、大気の状態を正常なバランスに保つという海の働きには、全員が依存している。将来の健康と生存のためにも、海の生産性を高める必要がある。広い範囲の海と野生生物に悪影響をおよぼす可能性のある養殖の代わりに、海を野生の資源として管理し、持続可能な方法で限られた量の生産物を引き出すよりよい方法を見つける必要がある。さもなければ、水産資源の3分の1がすでに枯渇しているため、21世紀半ばにはすべてが枯渇する恐れがある。そのためには、維持しにくい種や絶滅の危機にある種を食べるのをやめ、もっと供給量の大きい種を食べる必要があるかもしれない。

極端かもしれないが、海の食物連鎖の上位に位置する種ではなく、連鎖の出発点であるプランクトンをたくさん食べることを選ぶのが最も効果的だろう。これまでも、プランクトンががんの特効薬になるといった素晴らしい主張はあったが、人間の口や消化管の構造は、クジラのような海洋生物と違って海水を濾過できないので、目に見えないプランクトンを主食とすることは想像できない。しかし、第二次世界大戦の頃には、プランクトンを人間の食料とする計画が提唱されていた。イギリスの科学者は、このどこにでもいる海洋生物——タンパク質が豊富で理論的には人間の食事としても非常に栄養価が高い——を紛争による食糧難の対策になると考えていた。1941〜1943年にはスコットランドのさまざまな湖で、十分な量を生産できるかを調べる大規模な研究が行われている。何tものプランクトンを網で採集する方法も見つけていた。計算では、30平方mの網を10枚、12時間設置すれば、357人分の食料として十分なプランクトンを水揚げで

きた。これを乾燥処理してから他の食物に混ぜるという計画だ。しかし、一般人が好む味にする方法は記録されていない。戦時下の人々は必死だったかもしれないが、このアイデアを実際に受け入れるのには苦労しただろう。殻を持つ種類のプランクトンは、そのままだと料理してもザラザラするため、すり潰すなど手を加える必要があった。最終的に戦局が変わり計画は棚上げされた。プランクトンは、藻類から食品を作っている日本や韓国、スカンジナビアの食卓では普通に消費されている。おそらく藻類培養のトップは日本だろう。最も有名なのは、寿司を包む黒いシートとして使われている世界中でお馴染みの海苔だ。ヒトゲノムの全塩基配列を初めて解読した生化学者で、最初の合成生命を作成するプロジェクトのリーダーを務めたJ・クレイグ・ベンターの思い通りに進めば、藻類とその養殖は食糧問題と燃料の必要性に対する解決策となるかもしれない。彼は、藻類の養殖によって莫大な量のバイオエネルギーや食品を生産する方法の研究に、時間と資金を投資してきた。このアイデアが実現すれば、海の一部を巨大な農場へと効果的に転換できる。研究の一環として、ベンターのチームは2年かけて地球各地の海水を集め、藻類ゲノムの大規模な標本を採取した。これによって、科学界でそれまでに解読されていたゲノム配列の20倍近いデータが新たに得られたと言われている。この壮大な研究から、産業的に食糧や燃料が得られるようになるのはまだ先の話だ。だが、海岸の巻貝から1つの帝国を象徴する色が得られるようになるまでも長い時間がかかった。海から生活が一変するような素晴らしいものを得るのに必要なのは、ちょっとした想像力と多大の努力だけなのだ。

The voice of the sea speaks to the soul.
The touch of the sea is sensuous,
enveloping the body in its soft, close embrace.

—— Kate Chopin

海の声は

魂に語りかけてくる。

海の感触は官能的で、

その柔らかく

親密な抱擁で

身体を包み込む。

—— ケイト・ショパン

テーマⅥ　美女と野獣 —— 文学・音楽・絵画に見る海

　ここからはゆっくり椅子にでも座ってBGMをかけるのがいいかもしれない。「海」という言葉から思いつく曲がいいだろう。この章では、海によって創造性がかき立てられ刺激を受けた芸術家の手によって、さまざまな音楽や絵画が生まれてきたことを語ろう。実際、内陸部で暮らし、海をあまりよく知らない多くの人間にとって、海は想像の中にある。海の中を実際にのぞいたことのある人はどれくらいいるだろう？　多くの人にとって海とは、波や海鳥、沿岸の環境などについて、記録映画や本から得たうろ覚えのイメージの集積だ。海の世界に関する素晴らしい映画も、海についてのイメージを新たにする際のフィルターの1つに過ぎない。古代の人々にとって、世界や海の大半は想像しかできない場所だったが、わかっていることの少なさでは、今の状況も同じようなものだ。海についてのビジョンを得るには芸術家の存在が不可欠だ。現実の海は巨大で、未知の部分が大きすぎるため、人間は想像力と他者の力を借りて不足を補ってきた。海という別世界を対象に、研究だけでなく創作も盛んに行われている。

　さて、どんなBGMがいいか。『さまよえるオランダ人 (The Flying Dutchman)』の序曲はどうだろう。この素晴らしいオペラを作曲したリヒャルト・ワーグナーは、リガからの船旅で嵐に遭い、2週間遅れでロンドンに着いた時に題材の着想を得た。19世紀中頃の船旅は危険で、天気予報は当てずっぽう、予定は単なる可能性に過ぎなかった。ワーグナーの音楽は風と波のエネルギーをよく捉えていることに加え、17世紀の不思議で気味の悪い伝説もその作曲のヒントとなった。永遠に航海し続け決して上陸できない運命にある幽霊船「フライング・ダッチマン」の物語だ。その幽霊船は不運の前兆であり、あの世とこの世をつなぐ窓だという。オペラの序曲には気分が高揚する部分もあるが、少し陰鬱に感じるだろうか。それならもっと気楽な曲がいいかもしれない。子ども向けのテレビ番組『スポンジ・ボブ』の主題歌で童心に返ってみてはどうだろう？　登場するキャラクターと海にあまりつながりはないが、繰り返し部分のメロディーは何百年も前の船乗りの歌「そいつをぶっ倒せ (Blow the Man Down)」からヒントを得た伝統的なものだ。元となった曲は家族向けのTVキャラクターどころか、女に劣情を抱く男たちや喧嘩について歌った、何世紀も前の乱暴でタフな船員を連想させるもので、無邪気な歌どころではない。船乗りの歌は、海での生活の一部として栄えた音楽ジャンルで、文化の宝庫となっている。船上で歌うこ

とは、働く水夫にとって日常であり、リズムに合わせてロープを引くといった、繰り返しが多く退屈な作業を切り抜ける方法の1つだった。船乗り歌は水夫の生活を描写し誇張するもので、つまらない主題は1つもない。船乗り歌は完成までに大勢が関わった一種の共作であり、作曲者の名は歴史に埋もれている。また、わずかに異なるバージョンが無数に存在する。

こうした共作は、海の旅に関する最も古く最も素晴らしい物語の1つである『オデュッセイア』の原典でも行われていた。紀元前800〜600年に書かれたこの叙事詩の著者は、盲目の詩人で、すべての西洋文学の父であるホメーロスとされているが、実際には吟唱に基づいている。それが口承によって伝わるうちに少しずつ変化して、文字に書かれた形になった可能性が高い。中心となっているのは最も原型的で影響力の大きい物語であり、航海は人生の比喩として用いられている。ギリシャの英雄オデュッセウスはトルコ本土のトロイア戦争の後、イタケー島にいる妻のペーネロペーのもとに戻ろうとして、ギリシャの群島とエーゲ海を渡る長い旅をすることになった。オデュッセウスがトロイアの包囲戦と略奪のため10年を過ごしたことは、ホメーロスの最初の叙事詩『イーリアス』で大きく取り上げられている。しかし、神話上の場所や存在と遭遇した結果、帰還にはさらに10年かかった。この旅のオデュッセウスは欠点を持ち、苦難に抗う英雄として描かれる。海は彼を運び、悩ませ、脅かす媒体であり、奇妙な出会いや命を脅かす試練をもたらす。ようやくイタケー島に戻った時には部下を失い、彼は物乞いに変装した。しかし、昔の飼い犬は彼に気づき、オデュッセウスは求婚者を皆殺しにして妻を取り戻した。ハッピーエンドと言えるが、その代償は大きかった。

『オデュッセイア』では、海は生命を与え、奪いとる偉大な存在であり、人間が自らの存在を祝い、探求するカンバスでもある。古代ギリシャ人は、エーゲ海を国家のアイデンティティーにとって、また既知の世界の境界を決定するものとして、不可欠と見なしていたようだ。航海は極めて危険だった。強風が吹いただけで針路から外れ、陸地を見失えば自分がどこにいるのか知るために悪戦苦闘することになった。水平線のすぐ向こうに不思議な生物や場所があると考えても、それほど突飛だとは思われなかっただろう。『オデュッセイア』がもたらした、海には危険とロマンスが満ちているという感覚は現在まで続いている。

『イーリアス』と『オデュッセイア』は最初期の叙事詩だ。19世紀には小説は文学の重要なジャンルとなり、海洋小説『白鯨』が生まれる。これは捕鯨船の狂った船長が、かつて自分の片足を奪った巨大な白鯨（奇妙なくらい白いマッコウクジラ）を殺そうと追跡する物語だ。白鯨を追跡し戦いを挑む長大な物語の中では、海や捕鯨産業、クジラに関する当時の膨大な知識を得ることができる。歌や習慣が幅広く紹介されており、ナンタケットの捕鯨船員の生活に浸って、海上で何カ月も過ごすのはどんなものだったかを知ることもできる。最後に、狂気に取りつかれたエイハブ船長は、モービィ・ディックを発見し――見方によれば向こうが見つけ――ピークォド号の破壊と船長の死を招く。生き残ったのは語り手のイシュメールだけだ。ハーマン・メルヴィルが1851年に発表したこの大作は、最初の「偉大なアメリカ小説」と見なされることが多い。海を比喩として使うところはホメーロスの影響を強く受けている。しかし、『白鯨』はほとんど歓迎されず、メルヴィルの評判を台無しにしたため、その深いルーツや思索はあまり重視されなかった。だが、ほんの数十年後には売上が急増し、批評家に受け入れられ、20世紀前半には傑作と見なされるようになった。この怪物のような本は、英文学の授業以外ではあまり読まれそうもない。ただ、『白鯨』の影響は、一等航海士スターバックの名前を通して世界中のカフェに残っている。存命中にはこの本は3200部しか売れず、チョコレートをトッピングしたスキニー・カプチーノを味わったこともないメルヴィルにとっては残念なことだろう。モービィ・ディックは完全な創作ではなく、1820年に捕鯨船エセックス号が陸地から何千kmも離れた太平洋上で、マッコウクジラに攻撃されて沈没した実話を大いに参考としている。その結果、生き残った乗組員は救命艇に乗らざるをえなくなった。最終的に、離れ離れになった3艘の救命艇で8人だけが生き延びたが、うち2艘の船員は死者の肉を食べなければなら

テーマVI 美女と野獣

大気が聖なる気体であるように、
水もまた聖なる気体である。
水は私たちを世界のすべての海に結びつけ、
時を遡ってすべての生命が生まれた
その場所に結びつけている。

　　── デヴィッド・スズキ

テーマⅥ　美女と野獣

すべての突き出した岬に、
すべての曲線を描く浜辺に、
すべての砂粒に、
地球の物語がある。

　──レイチェル・カーソン

テーマⅥ　美女と野獣

なかった。その点では、実話は物語よりも過酷だったようだ。メルヴィルは、1830年代にチリ沖で殺されたクジラに多数の銛が刺さっていたという話からも、モービィ・ディックの力強さと耐久力のヒントを得た。チリのクジラはモカ・ディックというあだ名で白かったとされる。メルヴィルは原始の力や自然と人間の闘いを表す巨大なクジラの名前と姿の両方を、実在のクジラから取り入れたのだ。

海を人間に対する圧倒的な力として描く手法は現代まで伝わっており、2013年にロバート・レッドフォードが、壊れていくヨットで生き延びようと闘う船乗りを演じた『オール・イズ・ロスト』などがある。海は、私たちを境界へ、またその向こうへと連れていく危険な美しい場所であり、決して歓迎してくれる場所ではない。しかし、気持ちの上ではいつでも希望を与えてくれる（この映画の結末はあいまいだ）。

文化の中の海は、単なる畏怖や恐怖の対象ではない。芸術の世界を見れば、海が単純で心地よい形で人間を魅了することがわかる。BGMをワーグナーから最も人気の高いクラシック曲の1つであるクロード・ドビュッシーの「海（La Mer）」に変えてみよう。「海」は3つの楽章からなる交響曲で、海辺の安心感から大きく離れることは決してない曲調を持つ。海風が顔に吹き付けるくらいで、嵐の力には近づかない。さざ波からもっと波が荒くなったとしても、落ち着いた感じにまた戻る。ドビュッシーはこの作品のほとんどを海から離れた場所で書き、実際に見て知ることより、絵画などの芸術で海に対する解釈や洞察を得る傾向があった。しかし、曲を完成させたのは、イギリス南部の海岸にあるイーストボーンに滞在している時だったと言われている。イーストボーンとイギリス海峡の陰鬱な景色があまりに退屈だったので、何も付け加えるものがなかったのかもしれない。

アーネスト・ヘミングウェイが海、年を取ること、男らしさについて描いた作品『老人と海』には略奪者としてのサメが登場する。サメは海の本質を表す破壊の天使であり、老人が捕えた巨大マカジキを食い散らかすが、残った骨からその獲物が記録的な大きさだったことがわかる。漁師が自然界の試練と調和しながら、あらゆる危険を冒して最後にもう一度自分の力を証明するこの物語は、大きな魚を捕えることだけにフォーカスしている。どこか平和でありながら暴力的で、海の力のあいまいさをよく捉えている。他の生物の死に頼って（サメのように）生き、相手をどんなに尊重していても破壊しなければならないという、人間のジレンマも示されている。

さて、ドビュッシーに戻ろう。彼が古今東西の画家たちと同じように、海を発想の源としていたら、喜んで海の風景を見て何日も過ごしただろう。出帆していく船、海の架空の生物や実際の生物、ただの天候と情景の記録など、何を対象とするかにかかわらず、海の絵は芸術が生まれた頃から描かれていた。自然の力が絶え間なく急速に変化している世界のイメージを表現することは、芸術家にとって興味深い挑戦であり試練となる。19世紀前半のロマン派の偉大な画家カスパー・ダヴィット・フリードリヒは、思索的なイメージの対象として海の風景をたびたび描き、想像力をかき立てる不吉な情景に人間の精神生活や価値観を投影した。1823〜1824年に描かれた「氷の海」は、彼の最も不可解なドキュメンタリー風の作品の1つで、割れた海氷の塊からなる世界を想像したものだ。この絵は非常に写実的に見えるが、本人が北極海へ行ったことは一度もなく、参考にする写真もなかった。絵の中心は氷の世界で、そこに1隻の難破船が見える。ほぼ同時期に、世界の向こう側では日本の葛飾北斎が傑作「神奈川沖浪裏」を描いた。遠くの富士山が小さく見えるほど大きい、津波のような大波が堂々とそびえ立ち、数隻の船を巻き込もうとしている。どちらの絵も、海の美しさと瞑想的な雰囲気が破壊的なものに変化している。こうしたバランスは、同時期に水や波、雲を照らす光と格闘して抽象画に近づき始めたJ・M・W・ターナーの作品でも見られる。テムズ川の河口の穏やかな海の絵や、夕日の中に浮かぶ船の絵は、気楽に眺められるものだが、万物は変化するというはかなさに満ちている。夕日は炎に変わり、船は光に溶け込んでいく。そこにある海もどこまでも変化し続けている。印象派と後期印象

派の画家は、波と広い海の空の輝きに刺激を受け、絵画では光がすべてであることを作品で示そうと試みた。それらの絵は現在の私たちの目には心地よいが、それ以前の時代の描写法を打ち破るものだった。ターナーの海は革命をもたらしたのである。

　今では海辺のどの観光地にも、地元の芸術家の作品を展示するギャラリーがあり、地味なやり方ではあるが、マリンアートの伝統を広めている。絵がいいか悪いか、まったく記憶に残らないかどうかはともかく、批評の目を休めて楽しむことはできるだろう。海という静止することのない対象を描くのは興味深くて思索的な活動であり、試みるだけでも大きな価値がある。心理学を引き合いに出して言えば、海のイメージについてじっくり考えることでマインドフルネス（今この瞬間に集中してあるがままを受け入れる瞑想法）を実践できる。果てしなく変化する海や空に芸術という形で応えることは、生命について何かを述べることでもある。レオナルド・ダ・ヴィンチは芸術と科学と日々の観察の間に境界を設けなかったし、かつての陸地と海の間に境界がなかったことを理解した最初の人間の1人でもあった。彼は手稿にこう書いている。「どうして大きな魚の骨やカキやサンゴ、さまざまな二枚貝や巻貝の化石が、海を縁取る高山の頂でも、海底と同じような状態で見つかるのか？」。モナ・リザの微笑みが示しているのは、万物は移ろいやすいという感覚なのかもしれない。

テーマⅥ　美女と野獣

テーマⅦ　水平線の向こう ── 環境保護と未来の海

　ウィリアム・シェイクスピア作『テンペスト』の冒頭には、魅力的であると同時に困惑もさせられる、有名で心に残る6行の短詩がある。

父は五尋の海底に、
その骨は珊瑚となり
両の目は真珠となる。
何一つ朽ちることなく、
海の大きな力に変えられて
貴く不思議なものに成り変わる。

　死すべき運命や力、創造についてのこの悲喜劇的な作品は、魔法と幻想が日常的な要素として存在する不思議な島を舞台とし、生と愛をテーマとする筋書きだ。人間の存在は、自然と海と宇宙の広大さに対して非常にはかないものに見える。『テンペスト』はおそらくシェイクスピアが単独で書いた最後の戯曲で、偉大な劇作家であり詩人である彼からの別れの挨拶のようなものだ。彼は詩人としての技能を生かし、世界の創造と万物の謎を巡る作品に、この短詩でちょっとした息抜きを設けた。もちろん、軽妙で熟練した文章はいとも簡単に書かれたように見える。

　シェイクスピアは、物事の本質としての真珠の目と珊瑚の骨、「貴く不思議な」変化のイメージで、全体論的(ホリスティック)な世界観と、今となっては決して答えがわからない考え方を提示した。変化は起きるが、再生のサイクルが好ましいものとは限らない。さまざまな領域での彼の考え方は、完全に現代的なものだった。私たちは地球の未来や、海と人間の関係の未来について考える時、物事が変化することは知っているが、そのしくみについては知らないことを知っている。ある程度はっきりしているのは、人間には「海の大きな変化(Sea-change)」をもたらす要因を支配することはできそうもないということだ。言い換えると、人間は無知であり、十分な知識を得ることはこれからもないだろう。わかりにくいかもしれないが、それはこの問題が元々わかりにくいからだ。私たちの海には何らかの原則に沿って動く生物がいるが、その原則についてはまだわかっていない。海のしくみについての手掛かりは増え続けるが、海は人間より大きくずっと複雑で、そうそう簡単には「解明」できないだろう。私たちは海を大切に扱わなければならないのに、破壊をもたらすのを止められそうにない。しかし、でき

The sea, the great unifier, is man's only hope.
Now, as never before, the old phrase has a literal meaning:
We are all in the same boat.

—— Jacques-Yves Cousteau

すべてを1つにする

海こそ、

人類の唯一の

希望だ。

今は、

「私たちは皆、

同じ船に乗り合わせているのだ」

という古い言葉が、

かつてないほど

文字通りの意味を

持つようになっている。

―― ジャック・イーヴ・クストー

テーマⅦ　水平線の向こう

るだけ損害を抑えて回復させるよう努力すべきだ。

　未来の地球では、人間はもっと賢いやり方で海と幅広く関わることになるだろう。さまざまな言い回しで何度も言われてきたように、この惑星は「地球」というよりも「海球」なのだ。しかし、地球の未来と私たち人類の関係は議論の的となっている。この世界に対処するため、これまでとは違う行動を取らなければならないのは明らかだ。地球は人間を必要としないが、人間には地球が必要であり、人間のいない方が幸せな種が多いという証拠も増えている。人間がいなくなれば犬は寂しがるだろうが、そのうち乗り越えることだろう。現在の地質時代は人新世と呼ばれている。人類がすべての生物の運命を決めているのに、人類による変化は他の種にとっては厄介な問題ばかりで、気がついた時には彼らは急速に姿を消しているからだ。ほとんど未知の世界である海に対する人新世の影響は、最大級の疑問かつ脅威となるだろうが、私たちはそれに対応していかなければならない。

　すべてを台無しにして絶滅させ、深海の甲殻類や化学合成生物、乾燥した陸地の数種類のアリや甲虫類に後を任せることになる前に、人間は状況を改善して軌道を修正できるはずだ。手遅れではないが、迅速な行動が必要だ。

　海を管理する方法は、国連海洋法条約という形ばかりの文書で何年も前に定められている。現在、166カ国と欧州連合が、1970年代に骨子が作られた条約に署名している。この条約は海を利用する権利と責任を規定したものとされているが、全体的な管理というより、むしろ利権を分割し資源を利用する方法が強調されている。しかも、非締結国の1つであるアメリカが、今でもこの条約では自国の経済と安全保障上の利益を完全に守れないと考えていることからも、条約の土台であり、海は万人のものとする「公海自由」の原則は未だに達成されていないことがわかる。魚類や哺乳類、鳥類などの保護に関する国際法や条約もあるが、海洋問題への取り組み方は断片的で一貫していない。クジラの捕獲は続き、サメはフカヒレを取るためだけに何千匹も殺され、世界的な漁業割当は回避されたり無視されたりしている。一方で、条約にも配慮が欠けた部分がある。底引き網で捕獲されて死んだ「対象外」の魚は海に投げ戻されるだけで、割当には含まれない。これでは保護どころではない。

　環境保護で最も重要なのに、手遅れになるまで見過ごされてしまうことはたいてい小さなことだ。例えば、海草の種の保存に人は情熱を抱きにくい。ジョンソンズ・シーグラス（*Halophila johnsonii*）の草原を維持して回復できなければ、この海草に食料の大半を依存していると考えられる絶滅危惧種のアオウミガメも危険にさらされることになる。これを法律の問題にしたり、社会的関心を広く集めたりすることは難しい。種を回復させるには小規模の活動がいくつも必要だ。同じようなことは、何千もの場所で何千もの種に起きるはずだ。

　太平洋ゴミベルトは、プラスチックや廃棄物などの汚染物が北太平洋環流に巻き込まれた、世界的に注目を集めるほどの広大な領域だ。しかし、これもまた誰のものでもあり、誰のものでもない問題の一例だ。ゴミベルトは国連条約の保護区外にあり、どの政府も管理していない。誰がゴミを片付ける費用など出したいと思うだろう？　民間の保護団体や進取の気概に富む個人が世界の注目を喚起し、解決策を提案しているが、原因の解決と浄化には協調した一貫した措置が必要だ。一方、海洋生物の食物連鎖に紛れこむ、微小なプラスチック粒子はどんどん増えている。こうした問題は、今は蚊に刺されたくらいにしか見えないが、いつかは血を嗅ぎつけたサメのような大問題になるだろう。

　国際法が環境保護を求める声に追いつくのを待つ間、私たちはできればグローバル社会の構成員として、海に何が起こるのかを理解する必要がある。どうすれば海を汚すのではなく育むことができるのか？　海の環境を壊さず利用できれば、私たちは将来も食料や燃料を手に入れられるだろう。では、誰がその事業計画を書くのだろうか？

この問題については教育が重要になりそうだ。皆が海を愛することを学ぶ必要があり、それは理解を深めることから始まる。海を守る方法を理解したいと心から願い、それをさらに追求する飽くなき意欲を持たねばならない。深海の底に可能性に満ちた未知の世界があるのに、どうして宇宙旅行や遠い氷の世界の探査に投資するのか？　私たちは海を化石燃料をくみ上げる場所や、魚の入った網を引き上げる場所と見なす代わりに、すべての生物のために存在する持続的な富に関する新たな洞察に基づいて、海との新たな調和を見出す必要がある。

そのためには、深海探査に情熱を捧げるジェームズ・キャメロンのような人物か、1人か2人の億万長者が必要かもしれないが、優れたアイデアを持つ1人の天才がいれば十分かもしれない。例えば、海洋居住研究所 (The Seasteading Institute) が構想している浮かぶ都市は、よりよい未来を提供できるだろうか？　ソフトウェア技師で政治経済学の理論家パトリ・フリードマンが設立し、ペイパルで大半の富を築いた億万長者ピーター・ティールが資金を提供するこのプロジェクトは、海上と海底に恒久的な居住コミュニティーを作ろうと提案する。まるでジュール・ヴェルヌのSF小説のようだが、目的はリアルであり、多額の資金も得ている。これを本気で支援している人や科学者の多くは、水中起業家(アクアブルヌール)という造語で呼ばれている。海洋居住研究所は8つの大きな原則を主張・提唱している。それは「海の回復」「大気の浄化」「飢餓救済」「病人の治療」「貧困層の救済」「自然とのバランスの取れた生活」「持続可能な動力と電力の使用」「戦争の停止」だ。どれも難しいテーマで、すぐに実現できるとは考えにくい。この研究所は、海面と深海の温度差の利用（地中熱ヒートポンプのようなもの）と、海を利用して作物を収穫し魚の乱獲をやめる新たな食料生産技術を提案している。「藻類は世界の森林より多くの炭素を貯蔵し、環境を維持しながら収穫すれば二酸化炭素を食物と燃料に変えることができる」という主張だ。藻類や、成長が早くて豊富な生物を食料とする未来が想像できるだろうか？　そういうアイデアがすぐに注目されることはないだろうが、科学的にはそれほど荒唐無稽ではない。まず必要なのは、この考えを大規模に適用し実験する意志を持つことで、私はこの海洋居住研究所を滑稽だとは思わない。ぜひ「彼らに力を！」と言いたいところだ。海洋居住研究所の構想では、超国家的で地政学的な部分も重要になる。彼らは、海の大部分は臨海国が支配する200海里（約370km）の排他的経済水域より外にあり、実験を行う革新者にとってはある種の自由地域だと指摘している。研究所の熱烈な支持者たちは、地球の大部分を覆う偉大な海のためには、これまでにない新たなよりよい展望が必要であり、それを速やかに立案し構築しなければならないと主張する。これはあまりに非現実的な大計画で、本格的な海上コミュニティーを作るには、数人の億万長者が財産をほぼ使い果たすことになる。それでもぜひやってみてほしいものだ。

今後は、海の最も貴重な場所を保護する取り組みが増えそうだ。世界最大の保護水域であるピトケアン諸島海洋保護区と同じことを、他の重要な海域でも迅速に進めるべきだ。現在、そのような保護区は世界で5000カ所以上あるが、ほとんどは小規模でその総面積は海全体の2％に過ぎない。次の目標としては、これを少なくとも10倍に増やす必要がある。こうした目的について考えたり話し合ったりするだけでも、海の価値に対する意識を高めることができるだろう。現在、国連の海洋保護の目標区域はわずか10％だが、細切れの生息地を保護するため、すでに領海の10％以上を保護区としている国も多い。保護水域を指定するだけでは実際の効果はないので、次の段階では国際協力に基づく試みが必要だ。すべての海はつながっているので、ある領域の汚染や荒廃はすぐに他の領域に影響をおよぼす。だからより大規模な保護活動が必要だ。貧しい国より豊かな国の方がこれを理解して実施しやすいと思うかもしれないが、たいていは間違いだ。大国や工業国、脱工業化国、消費国ほど活動の抑制に悪戦苦闘する。一方、開発がそれほど進んでいない国は海に依存している場合が多く、環境を維持しながら生きる必要があることをはっきりと理解している。汚染を引き起こすのは多くの資源を使っている人々だ。不平等な富の分配によって刺激された過剰消費は、地球の保護にとって大きな問題となる。好きなだけ食べ、物

を見せびらかすのは楽しいかもしれないが、そうした行動は子孫の希望を食い潰すことになる。

　環境保護や気候変動、資源の利用と搾取といったすべての問題と議論をまとめると、次のような疑問にたどり着くかもしれない。地球の生態系の健全性を維持して促進することと人類のニーズのバランスを取りながら、さらに増大するニーズを満たすにはどうしたらいいのか、と。海だけはまだ、人類が生き延びるために利用できる余地がある。陸地は人類のニーズを満たすことができないし、過剰開発によって破壊されつつある。

　これらの相反する圧力のバランスを取るための、簡単な方程式などは存在しない。メキシコ湾流やグレート・バリア・リーフのような大規模な生態系から、他のすべての生物が依存している可能性のある特定の植物プランクトンに関すること（必要な栄養素や関係、捕食者）まで、相互作用している多くの生態系に対処しなければならない。相互依存する生態系に重要性の大小はないのだ。

　人間はこうした相互依存を未だにきちんと理解していない。果物の「生産地から消費地までの距離（フードマイル）」や旅行にかかる「二酸化炭素排出量（カーボン・フットプリント）」の心配はしても、効果的な行動を起こそうとは思わない。しかし、期待を捨ててはならない。元々人類には、破滅をもたらす力だけでなく集団行動やイノベーションを行うという特性も備わっている。例えば、オゾンホールが最近縮み始めたのは、ダメージの原因となったフロンガスの使用が禁止されたからだ。人類の協調的行動は大きな変化を起こすことができる。それぞれの意見をまとめて1つの方針を示すという民主主義の力を信じることができるなら、小規模な集団でも力を合わせれば環境の変化を促すことが可能だと認めることもできるだろう。海の保護と回復ができれば、発見と持続可能な富の時代につながる。周囲の環境に対する愛情があれば、未来のために海を守り、開発しようとするはずだ。人類の限界と願いを言い表すには、『テンペスト』の数行の詩がぴったりだろう。

これほど不思議な迷路を歩いたものはいないだろう。
ここには人間を超えた力が働いていたのだ。
何が起きているのかを知るには、神託を仰がねばならない。

海と私たち自身のために、神託を仰いで行動しようではないか。

テーマⅦ　水平線の向こう

We know that when we protect our oceans we're protecting our future.

—— Bill Clinton

わかっているのは、

海を守るとき、

私たちは自分の未来を

守っているのだ

ということだ。

―― ビル・クリントン

テーマⅦ 水平線の向こう

引用句　　　　　　　　　海はさまざまな創作にうってつけの題材だ。事実に基づいた学術書には、意外な事柄が潜んでいるかもしれないし、詩や小説、戯曲など、海について語る方法はたくさんある。本書の中で取り上げたさまざまな言葉は、もとになった本や映画を知る出発点となってくれる。まず、2つの言葉を紹介してから、それぞれの引用句について説明しよう。これらの示唆に富んだ言葉の背後にあるものについては、アメリカの詩人 E・E・カミングス（1894〜1962年）の言葉――「どんなときも、海では自分自身が見つかるんだ」――がそのすべてを言い表している。さらに、引用句にはメッセージも多いが、偉大な小説家ジョーゼフ・コンラッド（1857〜1924年）の冷徹な言葉を引いて釣り合いを取っておいた方がいいだろう。「海が人類の友だったことはない。海はせいぜい落ち着きのない共犯者だった」。

p.14–15　　この惑星を地球と呼ぶのはどんなにおかしなことか。
　　　　　　"海球"であることは明らかなのに。

　　　　　　SF作家のアーサー・C・クラーク（1917〜2008年）が、地球のほとんどが水に覆われていることを表現した言葉は有名だが、正確な言い回しやその出所は少々あいまいだ。この言葉の出典は『ネイチャー』誌のある論文だが、数十年に渡って巷間で使われている間に、いくつか細かい違いが生じている。イギリス生まれのクラークはスキューバ・ダイビングを存分に楽しむため、1956年にスリランカへ移住している。

p.20　　　　海の眺めを楽しむのは何ら悪いことではない。
　　　　　　ただ、水中で何が起きているのかに気づいた時に、
　　　　　　海の本質を見逃していたと思い知ることになる。
　　　　　　表面だけに留まっているのは、
　　　　　　サーカスに行ってテントの外側を見つめるようなものだ。

　　　　　　この言葉は、デイブ・バリー（1947年〜）の発した真面目な言葉の1つに数えるべきだろう。ピューリツァー賞を受賞したアメリカ人コラムニストは、人生の理不尽さに対するユーモラスなコメントで知られる。人生にとって、ジョークは不条理だらけの日々の問題に対する防衛機構なのだ。この言葉からすると、彼は「海のテント」には道化(クラウン)がいると思っているのかもしれない。確かに、カクレクマノミ（英名はクラウンフィッシュ）はいるにはいるが…。

p.35　海は無限であり不滅であり、
　　　地球上の万物の始まりと終わりである。

この言葉は『インド・アート——神話と象徴』（1971年）に書かれているように、インド学者で歴史家のハインリッヒ・ツィンマー（1890〜1943年）の思想と研究から生まれた。ツィンマーによるヒンズー教と仏教の思想に関する解説は、それらを西洋の伝統とともに理解するのに役立った。

p.45　海上に長くいると、陸の匂いが遥か遠くから呼びかけてくるが、
　　　内陸に長くいる場合も同じことが起きる。

ノーベル文学賞を受賞したジョン・スタインベック（1902〜1968年）は、『二十日鼠と人間』や『怒りの葡萄』などの古典文学で知られるが、この言葉は『チャーリーとの旅——アメリカを求めて』から引用したものだ。この本は、彼が1960年に愛犬のチャーリーと車で旅をした後に発表したノンフィクションであり、この物語の中では、太平洋が呼びかけてきて引き戻そうとする「故郷の海」として描かれている。

p.52–53　海はすべてだ。海は地球の7割を占めている。
　　　　海の息吹は汚れがなくみずみずしい。
　　　　海は広大な砂漠だが、人間が孤独を感じることは決してない。
　　　　いたるところで生命が活動しているのを感じるからだ。

この言葉はSF小説で有名なフランスの小説家で、詩人、脚本家でもあったジュール・ヴェルヌ（1828〜1905年）のものだ。ネモ艦長と潜水艦ノーチラス号の物語『海底二万里』（1870年）から引いた。この物語はピエール・アロナックス博士の視点で語られる。彼と使用人のコンセーユ、カナダ人銛打ちのネッド・ランドは、謎の海の怪物として追跡していたネモの潜水艦ノーチラス号に遭遇した。ノーチラス号は世界の海底を巡り、4つの場所を訪れる。この名前は、その殻が珍重された最も古い深海生物の1つであるオウムガイにちなんだものだ。

p.57 　何度押し返されても、
　　　海が岸にキスするのを止めようとしないようすほど
　　　美しいものはない。

　　　アメリカの詩人サラ・ケイ（1988年〜）の作品「B」より。この詩はケイが2011年にカリフォルニア州ロングビーチで行われたTEDカンファレンスで朗読してから有名になった。ケイは14歳の時から、アメリカで多くの聴衆を相手に、スポークンワードという詩の朗読パフォーマンスを行ってきた。2004年からは、スポークンワードの評価をさらに高めようとProject VOICEを設立し、共同運営している。

p.65 　「親方、魚は海の中でどうやって生きてるのかな」
　　　「なんだよ、陸で人間がやってるのと同じだよ。
　　　大物が小物を食って生きてるのさ」

　　　ウィリアム・シェイクスピア（1564〜1616年）が書いた見事な台詞——のはずだ。この台詞が登場する『ペリクリーズ』はシェイクスピアの後期の作品で、本人の執筆した部分は一部のみと考えられており、話を肉付けしたのは凡庸な書き手（おそらく本作以外ではほとんど無名のジョージ・ウィルキンズ）と思われる。しかしながら、これらの台詞は間違いなく本人のものにちがいない。多事多難な主人公ペリクリーズはフェニキア人の偉大な海洋国家の領主で、難破は話を前に進める重要な役割を担っている。

p.81 　私の魂は海の謎に対する憧れに満ち溢れ、
　　　偉大なる海の心は私を通して胸躍るような興奮を送ってくる。

　　　ヘンリー・ワーズワース・ロングフェロー（1807〜1882年）が1850年に発表した詩集『海辺と炉辺』の「海の神秘」より。この独創性に富んだ19世紀のアメリカの詩人は、海に対して強い愛情を抱いており、彼の詩に比喩としてしばしば登場する。若い頃はメイン州ポートランドで暮らし、1813年に起きたイギリス船とアメリカ船の戦闘など、海での劇的な事件を目撃した。彼の手による韻文のリズムは、まるで打ち寄せる波のようだ。

p.87 　　水族館や水槽は、
　　　　どんなに巨大であっても海の状況を再現できない。

　　　　この言葉は、海洋学者で映画製作者、環境保護論者、アクアラング（スキューバ・ダイビングの器材）の発明者でもあるジャック・イーヴ・クストー（1910〜1997年）のものだ。彼は、水槽のガラスに頭をぶつけたせいで飼育予定のイルカを亡くした辛い経験について語っている。クストーは偉大な伝達者(コミュニケーター)であり、120本以上のドキュメンタリー映像と50冊の著作を通して潜水調査は素晴らしい冒険だという考え方を広めた。

p.98–99 　海は原始の生命の揺りかごであり、そこから私たち自身の存在が出現した。
　　　　数十億年にわたる進化は、うっとりするほど
　　　　さまざまな形態、体色、生活様式、行動パターンを生み出した。

　　　　神経科医で精神科医のワーナー・ギュンター（1929〜2014年）が2001年に出版した『Life in the Sea（海の生物）』より。ギュンターは、海洋生物学に対する熱意と科学的なアイデアを伝える方法に対する深い懸念を、効果的な方法で組み合わせた。彼の潜水技術と撮影技術は、この2つの関心をうまく結びつけるのに役立っている。

p.103 　　海とは別の世界に行くようなもの。

　　　　イギリス系アメリカ人の詩人アン・スティーブンソン（1933年〜）の作品「North Sea Off Carnoustie（カーヌスティ湾から北海を望む）」より。この言葉は北海沿岸の街ハルにある水族館で、展示物を説明する際に実際に使われている。

p.107 　　サンゴ礁は世界で最も華やかな美しい場所の1つだが、
　　　　海洋生物の基盤でもある。
　　　　サンゴ礁なしでは、海の最も素晴らしい種の多くは生き残れない。

　　　　イギリスの作家で宝石商、環境保護の活動家でもあるシェヘラザード・ゴールドスミス（1974年〜）が語ったコメントより。

p.115　海には相反する性質があり、見れば見るほど目を圧倒して、
　　　　自らの輝きの中に姿を消してしまう。

　　　　受賞歴もあるイギリスの詩人アリス・オズワルド（1966年～）が『ニュー・ステーツマン』誌に寄せた記事からの引用。これはイギリスに行くために密航する危険を冒した難民の心情を描いた文章の一節だ。

p.119　海の健康は、すなわち私たちの健康です。

　　　　1998年に『タイム』誌が最初の「地球のヒーロー」と名付けたアメリカの海洋生物学者、シルビア・アール（1935年～）の講演より。彼女の長い経歴には、アメリカ海洋大気局（NOAA）の主席研究者、アメリカの13の海洋保護区を調査するSustainable Seas Expedition（持続可能な海洋探検隊）のリーダー、女性の深海潜水記録保持者などが含まれる。

p.123　あら、驚いた！
　　　　ここにはなんと多くの感じのよい方たちがいるのでしょう！

　　　　ウィリアム・シェイクスピアの海に関するもう1つの、そして最後の戯曲である『テンペスト』より。この作品では海のはるか彼方にある魔法の島が、ドラマとユーモア、そして素晴らしい体験の場を与えてくれる。この引用句の完全な形は、オルダス・ハクスリーのディストピア小説『すばらしい新世界』の表題の出典としてよく知られている。その続きはこういうものだ。

　　　　人類はなんて麗しいのでしょう！
　　　　すばらしい新世界！
　　　　ここにはこんな人たちがいるんだわ！

p.127　海流と気流の大規模な変化は、年間を通じて劇的な変化をもたらす。
　　　　数カ所の特殊な場所では、こうした季節的変動によって
　　　　野生生物に関する地球で最も素晴らしい光景が見られる。

　　　　デヴィッド・アッテンボロー（1926年～）が博物学に関するプロデューサーとしての長い経歴の中で述べた名言の1つ。彼は、イギリスBBC放送の自然史チームで製作した作品によって世界的な評価を得、いくつかの種がアッテンボローにちなんで命名されている。

p.145　私たちは月の表面や火星のことを、深海の海底よりもよく知っている。

　　　　この言葉は、2700人の科学者による研究から海洋生物種の数を集計した国際プロジェクト「海洋生物のセンサス」に参加したカナダの生物海洋学者ポール・スネルグローブ（1962年〜）のものだ。540回にわたる探査で6000以上の新種が発見された。

p.155　海は油断ならない敵であることを考えてみるがいい。
　　　　最も恐ろしい生物たちは水中を滑らかに進んでほとんど姿を見せず、
　　　　この上なく美しい紺碧の色の下に裏切り者のように潜んでいる。

　　　　ハーマン・メルヴィル（1819〜1891年）は深海を、発見を待つ未知の世界というだけでなく、人生の壮大な比喩と見なしていた。この言葉は、やがてアメリカの偉大な小説と見なされるようになった叙事詩的小説『白鯨』の中の一節だ。彼は『白鯨』を通して、捕鯨を脆弱な存在の意味を求めて苦闘する人間の壮大な物語に組み込んだ。この物語は、科学と地理学が急速に発展した時代に得られた海洋生物に対する素晴らしい洞察に溢れている。

p.168　どんな時も、海は強い憧れで彼女をいっぱいにした。
　　　　ただ、何に対してなのかは自分でもわからなかった。

　　　　ドイツの児童文学作家コルネーリア・フンケ（1958年〜）の『魔法の声』より。彼女の著作は2000万部以上販売されている。

p.176–177　海の声は魂に語りかけてくる。
　　　　海の感触は官能的で、その柔らかく親密な抱擁で身体を包み込む。

　　　　アメリカの作家ケイト・ショパン（1850〜1904年）の小説『目覚め』より。この小説は19世紀末のニューオリンズとルイジアナ州のメキシコ湾沿岸を舞台とし、海は官能的かつ陰鬱な形で描かれている。美しい文体の小説だが、内容の紹介はここでははばかられる。

p.189　大気が聖なる気体であるように、水もまた聖なる気体である。
水は私たちを世界のすべての海に結びつけ、
時を遡ってすべての生命が生まれたその場所に結びつけている。

デヴィッド・スズキ（1936年～）の1997年の作品『生命の聖なるバランス──地球と人間の新しい絆のために』から。この本では地球に対する人類の影響について考え、本来の地球を再発見し、持続可能な資源の範囲内で生きるよう訴えている。彼は研究者、キャスター、環境活動家でもあり、2004年のCBCテレビシリーズでは最も偉大なカナダ人に選ばれた。

p.193　すべての突き出した岬に、すべての曲線を描く浜辺に、
すべての砂粒に、地球の物語がある。

レイチェル・カーソン（1907～1964年）の海に関する文章には、引用に値する言葉が数多くある。この言葉は、1958年に刊行された「自然のアメリカ」を特集テーマにした『ホリデー』誌の記事から。彼女は、その6年前には海の作用に関する3部作の2作目にあたる『われらをめぐる海』で全米図書賞を受賞。受賞のスピーチでは「海についての私の本に詩情があるとしたら、それは意図的に付け加えたものではない。海について本当のことを書こうとすれば、誰も詩情を省くことはできないからだ」と語っている。カーソンは、殺虫剤のDDTが自然におよぼす恐ろしいダメージについて立証した1962年の著書『沈黙の春』でさらに有名になった。

p.200–201　すべてを1つにする海こそ、人類の唯一の希望だ。
今は、「私たちは皆、同じ船に乗り合わせているのだ」という古い言葉が、
かつてないほど文字通りの意味を持つようになっている。

1981年の『ナショナル・ジオグラフィック』誌からジャック・イーヴ・クストーの言葉をもう1つ。おそらく彼は、海の保護の必要性に対する世界的な認識を最も促進した人物と言えるだろう。

p.212–213　わかっているのは、海を守るとき、私たちは自分の未来を守っているのだということだ。

元アメリカ大統領ビル・クリントン（1946年～）が、2000年8月7日にマーサズ・ヴィニヤード島で海洋法に署名する際に述べた言葉。この法律は、海の利用に関する研究や環境と人類の利益の調和を目指すことを目的としたアメリカの諮問委員会である海洋政策委員会の設立を促進した。

写真

海の写真を撮ったことがある人は多いだろう。休日のスナップ写真の背景だけでなく、晴れた日や嵐の日に海岸や船上から撮った趣のある写真などもある。海の姿がたくさん記録されていることは素晴らしいが、本書に掲載したような写真の撮影においては、また違った問題があることを強調しておきたい。

ほぼすべての人が写真を撮るようになったのは今の時代が初めてだ。携帯電話のカメラがいつでも使え、撮った写真を世界中の人たちとすぐに共有できる。素晴らしい写真の一部はこうして共有されてきたし、驚くべき写真がアマチュアの手によって生まれるケースもある。しかし、アマチュアはたとえ運がよくても海、特に水中で素晴らしい写真を撮ることはできない。水中での撮影には特別な器材だけでなく、特別な才能も必要だ。水中では光の色や透過率も変わるため、こうした要因の変化にどう対応するのかを知っておく必要があるだけでなく、水の動きによって写真の世界がさらに不確実なものになる。撮影者は技術によってその不確実性をできるだけ取り除かなければならない。撮りたい写真によって何を探すべきか、いつどこに行くかを決めるだけでなく、機材や自分自身の安全のため、時間をかけて用意周到な準備をする必要がある。本書で掲載した写真では、三脚や長時間露出はそれほど大事なことではない。撮影者は一瞬の差が生死を分ける状況でシャッターを押さねばならず、青だけの背景が広がる世界で、陸上とはまったく異なる創造力を発揮する挑戦に取り組んでいる。

水中写真の世界では、かつては秘密主義が見られることがあった。正確な撮影場所や写真家が独自に開発した撮影技術を、他言したがらないケースが多々あったのだ。しかし、こうした行動は今ではほとんどなくなっている。多くの写真家は、自分が学んだことをワークショップで同好の士に伝える苦労を惜しまない。海の中にあるものをより効率的に撮影する新たな方法を開発することで、人類が所有する知識をさらに広げることが自分の仕事だと見なしている部分もある。

これまで、驚くべき写真を撮るために、何日も、何週間も、何年もの時間だけでなく、残念なことに命までもが費やされてきた。海の写真は数ある撮影対象の中でも特に危険で、しかるべき時にしかるべき場所にカメラを設置する専門知識だけでなく、本当の「探検」を必要とする数少ない分野の1つである。海の環境は刻一刻と変わり続けており、その大部分は誰も訪れたことがなく、詳しいことはわかっていない。海は謎と美しさ、貴重なものと真の危険に満ちた場所なのだ。

本書で紹介した素晴らしい写真家たちと、私に長年にわたり計り知れないほどの情報と影響を与えてくれた多くの方々に謝意を表したい。本書の製作にインスピレーションを与え、力を貸していただいた皆様に心から感謝する。

p.2　　　海の表面
　　　　撮影者：Datacraft Co Ltd

p.4–5　ニザダイの仲間 *Prionurus laticlavius* の魚群
　　　　エクアドル、ガラパゴス島
　　　　撮影者：Michele Westmorland

p.6　　　日光をほぼ完全に遮る魚の壁
　　　　撮影者：Nature, Underwater and Art photo---www.narchuk.com---Andrey Narchuk

p.8–9　サーディンラン中のイワシを食べるカツオクジラ *Balaenoptera edeni*
　　　　南アフリカ共和国、クワズール・ナタール州、ダーバン
　　　　撮影者：Michael Aw

p.10–11　ミゾレフグ *Arothron meleagris*
　　　　撮影者：James R. D. Scott

p.12–13　海底の砂れん
　　　　撮影者：WIN-Initiative

p.16　　流動パターンと砕ける波
　　　　南アフリカ共和国、西ケープ州、デ・ホープ海洋保護区
　　　　撮影者：Peter Chadwick

p.21　　プランクトンが豊富な内陸の湖に住む
　　　　タコクラゲの仲間とミズクラゲ *Aurelia aurita* の群れ
　　　　撮影者：Michele Westmorland

p.22–23　海を泳ぐ魚群
　　　　撮影者：Alexa Rae Smahl

p.24–25　オニイトマキエイ *Manta birostris*
　　　　モルディブ
　　　　撮影者：Franco Banfi

p.26–27　イガイ床で食事をするキヒトデの仲間 *Asterias vulgaris*
　　　　アメリカ、マサチューセッツ州、グロスター
　　　　撮影者：Jeff Rotman

p.29　　　　キラウエア火山から海に注ぐ溶岩流
　　　　　　アメリカ、ハワイ州、ハワイ火山国立公園
　　　　　　撮影者：Doug Perrine

p.30–31　　海に流れ落ちるキラウエア火山の溶岩流（外側はすでに凝固している）
　　　　　　アメリカ、ハワイ州、ハワイ火山国立公園
　　　　　　撮影者：Art Wolfe

p.32　　　　カンネシュタイネン・ロック
　　　　　　ノルウェー、ソグン・オ・フィヨーラネ県、ヴォーグサイ
　　　　　　撮影者：Orsolya Haarberg

p.34　　　　海底の砂州とさざ波
　　　　　　ケイマン諸島、グランド・ケイマン島
　　　　　　撮影者：Alex Mustard

p.36–37　　空から見たバハマ諸島の砂州と島
　　　　　　バハマ
　　　　　　撮影者：Juan Carlos Munoz

p.38　　　　明るい日差しの中に浮かび上がるワモンダコ *Octopus cyanea*
　　　　　　ハワイ
　　　　　　撮影者：Ed Robinson

p.40–41　　オーストラリア、クイーンズランド州、グレート・バリア・リーフ
　　　　　　撮影者：Art Wolfe

p.43　　　　オニイトマキエイ *Manta birostris*
　　　　　　タイ、パンガー県、シミラン諸島
　　　　　　撮影者：Nature, Underwater and Art photo---www.narchuk.com---Andrey Narchuk

p.44　　　　バサルート諸島の空中写真
　　　　　　モザンビーク
　　　　　　撮影者：Hugh Pearson

p.47　　　　オーストラリア、クイーンズランド州、グレート・バリア・リーフ
　　　　　　撮影者：Art Wolfe

p.48　スピッツベルゲン島西岸での光の反射
　　　ノルウェー、スヴァールバル諸島
　　　撮影者：Roy Mangersnes

p.54–55　カップ・デ・フォルメントールに向かう途中のマヨルカ島北部の海岸
　　　スペイン、マヨルカ島
　　　撮影者：Steffen Egly

p.56　グレートポイントから望む北大西洋
　　　アメリカ、マサチューセッツ州、ナンタケット島
　　　撮影者：Nine OK

p.59　ビスケー湾の衛星写真
　　　緑色、ターコイズブルー、青緑色の渦は植物プランクトンの大規模なブルーム
　　　フランス、ビスケー湾
　　　撮影者：Jeff Schmaltz, LANCE/EOSDIS Rapid Response

p.60–61　カタクチイワシの魚群とジンベイザメ *Rhincodon typus*
　　　ベネズエラ、ロケス諸島
　　　撮影者：Pascal Kobeh

p.62–63　砂れんの上の透明で浅い海を泳ぐアメリカアカエイ *Dasyatis americana*
　　　ケイマン諸島、グランド・ケイマン島
　　　撮影者：Alex Mustard

p.64–65　ジンベイザメ *Rhincodon typus* と口の中のコバンザメの仲間
　　　メキシコ、メキシコ湾
　　　撮影者：Brandon Cole

p.66–67　ハシナガイルカの亜種 *Stenella longirostris longirostris* の群れ
　　　手前の2頭は母と子ども
　　　ハワイ、ケアウホウ
　　　撮影者：Doug Perrine

p.68–69　ミノーケーブでトウゴロウイワシの仲間の群れを追うカマスの仲間
　　　アメリカ、フロリダ州、フロリダキーズ、キーラーゴ島
　　　撮影者：Stephen Frink

p.70–71	大規模な魚群 撮影者：Albert Lin
p.73	岸辺で砕けるエメラルド色の波 アメリカ、ハワイ州、マウイ島 撮影者：M. Swiet Productions
p.76–77	熱帯礁に凄まじい勢いで崩れ落ちる波 撮影者：Mark Tipple
p.79	ワモンダコ *Octopus cyanea* ハワイ州 撮影者：Dave Fleetham/Design Pics
p.80	雨の下のオニイトマキエイ *Manta birostris* 撮影者：Rory T. B. Moore Images
p.82–83	カマスの仲間（ブラックバー・バラクーダ） オセアニア、ミクロネシア連邦 撮影者：Tim Rock/Lonely Planet---Getty Images
p.84–85	アカシュモクザメ *Sphyrna lewini* エクアドル、ガラパゴス諸島 撮影者：Franco Banfi
p.86	食事のために色鮮やかなサンゴに向かう熱帯の有毒なミノカサゴの仲間 撮影者：Paul Cowell Photography
p.88–89	ニシイワシ *Sardina pilchardus* を食べるバショウカジキ *Istiophorus platypterus* メキシコ、ムヘーレス島 撮影者：Chris and Monique Fallows
p.90	ウミウチワの仲間 *Gorgonia ventalina* を食べるカフスボタン *Cyphoma gibbosum* ケイマン諸島、グランド・ケイマン島 撮影者：Alex Mustard

p.91　サンゴ礁の上のクマノミの仲間
　　　タイ、パンガー県、シミラン諸島
　　　撮影者：tunart

p.93　ジャイアント・パープル・ジェリーフィッシュ
　　　フィリピン、セブ島
　　　撮影者：Paul Cowell Photography

p.94　タツノオトシゴの仲間の近接撮影
　　　アメリカ、コネチカット州、ミスティック
　　　撮影者：Laura M. Vear

p.96–97　イソギンチャクに隠れるクマノミの仲間 *Amphiprion percula*
　　　インドネシア
　　　撮影者：Dave Fleetham/Design Pics

p.101　ノウサンゴの仲間 *Colpophyllia natans* から顔をのぞかせるコケギンポの仲間
　　　ケイマン諸島、グランド・ケイマン島
　　　撮影者：Alex Mustard

p.102　ウメボシイソギンチャクの仲間 *Urticina crassicornis*
　　　アメリカ、カリフォルニア州
　　　撮影者：Jeff Rotman

p.104–105　センジュイソギンチャク *Heteractis magnifica*
　　　セイシェル、アルダブラ環礁
　　　撮影者：Franco Banfi

p.106　イソギンチャクに隠れるクマノミの仲間 *Premnas biaculeatus*
　　　インドネシア
　　　撮影者：Dave Fleetham/Design Pics

p.108–109　アカオニガゼ *Astropyga radiata* と
　　　共生するハシナガウバウオ *Diademichthys lineatus*
　　　インドネシア、北スラウェシ州、レンベ海峡
　　　撮影者：Constantinos Petrinos

p.110　　　イソギンチャクの奥に潜むハナビラクマノミ *Amphiprion perideraion*
　　　　　太平洋
　　　　　撮影者：Visuals Unlimited

p.111　　　アマノガワテンジクダイ *Pterapogon kauderni* の稚魚と
　　　　　センジュイソギンチャク *Heteractis magnifica*
　　　　　インドネシア、北スラウェシ州、レンベ海峡
　　　　　撮影者：Constantinos Petrinos

p.112–113　ミズイリショウジョウガイ *Spondylus varius*
　　　　　インドネシア、コモド島
　　　　　撮影者：David Fleetham

p.114（左上から右回り）　ゴンベの仲間 *Cirrhitus rivulatus* の目
　　　　　メキシコ、バハ・カリフォルニア半島、コルテス海
　　　　　撮影者：Franco Banfi

　　　　　ガリバルディ *Hypsypops rubicunda* の胸びれ
　　　　　アメリカ、太平洋
　　　　　撮影者：Jeff Rotman

　　　　　バラハタ *Variola louti* の胸びれの細部
　　　　　オーストラリア、クイーンズランド州、グレート・バリア・リーフ
　　　　　撮影者：Jeff Rotman

　　　　　ナンヨウブダイ *Chlorurus microrhinos* の目
　　　　　オーストラリア、クイーンズランド州、グレート・バリア・リーフ
　　　　　撮影者：Jeff Rotman

　　　　　ニシキヤッコ *Pygoplites diacanthus* の皮膚
　　　　　オーストラリア、クイーンズランド州、グレート・バリア・リーフ
　　　　　撮影者：Jeff Rotman

　　　　　ブダイの仲間 *Scarus viridifucatus*
　　　　　オマーン、ドファール、ハラニヤット諸島
　　　　　撮影者：Pascal Kobeh

p.116–117　　ニセゴイシウツボ *Gymnothorax isingteena* の頭部の近接撮影
　　　　　　オマーン、ドファール、ハラニヤット諸島
　　　　　　撮影者：Pascal Kobeh

p.120–121　　海底の豊かな森でコンブの林冠から下降するゼニガタアザラシ *Phoca vitulina*
　　　　　　撮影者：Douglas Klug

p.122　　　　海草を食べるジュゴン *Dugong dugon* がかき回した
　　　　　　海底堆積物の餌をあさるブリモドキ *Naucrates ductor*
　　　　　　エジプト、マルサアラム
　　　　　　撮影者：Paul Kay

p.124　　　　捕まえた魚を食べようと浮上するメスのホッキョクグマ *Ursus maritimus*
　　　　　　デンマーク、コペンハーゲン
　　　　　　撮影者：Lise Ulrich Fine Art Photography

p.125　　　　氷山
　　　　　　グリーンランド、エイリークスフィヨルド
　　　　　　撮影者：Russell Kaye/Sandra-Lee Phipps

p.126　　　　珍しい青色の氷山の上に集まるヒゲペンギン *Pygoscelis antarcticus*
　　　　　　南極、スコシア海
　　　　　　撮影者：Mark J. Thomas

p.128　　　　海面近くを泳ぐペンギンと羽毛から立ち上る泡
　　　　　　南極、ロス海
　　　　　　撮影者：Paul Nicklen

p.129　　　　海から海氷へ飛び上がる直前のコウテイペンギン *Aptenodytes forsteri*
　　　　　　南極、ロス海
　　　　　　撮影者：Paul Nicklen

p.130　　　　オウサマペンギン *Aptenodytes patagonicus* のコロニー
　　　　　　サウスジョージア島、セントアンドリュース湾
　　　　　　撮影者：Panoramic Images

p.131　空から見たフランス唯一のシロカツオドリ *Morus bassanus* のコロニー
　　　　フランス、ブルターニュ地域圏、コート＝ダルモール県、ルジック島
　　　　撮影者：Christophe Courteau

p.132–133　夕暮れの浜辺のオウサマペンギン *Aptenodytes patagonicus*
　　　　南大西洋、サウスジョージア島
　　　　撮影者：Art Wolfe

p.135　深海に住むペリカンアンコウ *Melanocetus johnsonii* のメス
　　　　口の上にあるのはルアー（誘引突起）
　　　　大西洋
　　　　撮影者：David Shale

p.136　ゴカイの仲間 *Alitta virens*
　　　　撮影者：Cultura Science/Alexander Semenov

p.137　キタユウレイクラゲ *Cyanea capillata*
　　　　撮影者：Cultura Science/Alexander Semenov

p.138　イバラカンザシ *Spirobranchus giganteus*
　　　　フィジー
　　　　撮影者：Pete Oxford

p.141　体色を変えるモスソクラゲイカ *Histioteuthis bonnellii*
　　　　大西洋、大西洋中央海嶺
　　　　撮影者：David Shale

p.142　成体のタルマワシの仲間の頭部の近接撮影
　　　　大西洋
　　　　撮影者：Solvin Zankl

p.143　クシクラゲの仲間の近接撮影。くし板に並ぶ繊毛が光を反射している
　　　　オーストラリア、クイーンズランド州、グレート・バリア・リーフ
　　　　撮影者：Jurgen Freund

p.144　海底の小さな噴出孔から漏れ出す火山ガス
　　　　インドネシア、サンゲアン
　　　　撮影者：Georgette Douwma

p.146–147　コブシメ *Sepia latimanus*
　　　　　オーストラリア、クイーンズランド州、グレート・バリア・リーフ
　　　　　撮影者：Jurgen Freund

p.149　　　海底の熱水噴出孔、ブラックスモーカー
　　　　　撮影者：Science Photo Library

p.152–153　ムネエソの仲間
　　　　　大西洋
　　　　　撮影者：David Shale

p.154　　　最近発見され「紫のヨーダ」と命名されたギボシムシの仲間 *Yoda purpurata*
　　　　　北大西洋
　　　　　撮影者：David Shale

p.158–159　尾索動物（ホヤの仲間）とそれに巻きつくクモヒトデ
　　　　　撮影者：Christy Gavitt

p.160–161　生後2週間のタテゴトアザラシ *Phoca groenlandica* の幼体
　　　　　カナダ、セントローレンス湾
　　　　　撮影者：Doug Allan

p.163　　　荒れた海の上を飛ぶワタリアホウドリ *Diomedea exulans*
　　　　　南極海
　　　　　撮影者：Mike Hill

p.164　　　岬に打ち寄せる大波
　　　　　イギリス、コーンウォール州
　　　　　撮影者：David Clapp

p.166–167　荒れた海の上を飛ぶミユビシギ *Calidris alba*
　　　　　イギリス、スコットランド、バーウィックシャー
　　　　　撮影者：Laurie Campbell

p.169　　　シロイルカ *Delphinapterus leucas* の群れ
　　　　　カナダ、カナダ北極圏
　　　　　撮影者：Doc White

p.170　餌を食べるザトウクジラ *Megaptera novaeangliae*
　　　　撮影者：Kevin Schafer

p.174–175　波に洗われる岩の上で餌を食べるイワガニの仲間 *Grapsus grapsus*
　　　　エクアドル、ガラパゴス諸島、フェルナンディナ島
　　　　撮影者：William Gray

p.178–179　海の波の近接撮影
　　　　撮影者：Jochem D Wijnands

p.181　岸辺の水の蒸発による塩の形成
　　　　イスラエル、死海
　　　　撮影者：Science Photo Library

p.182–183　クロガネウシバナトビエイ *Rhinoptera bonasus*
　　　　パナマ、ボカス・デル・トーロ県
　　　　撮影者：Art Wolfe

p.184–185　海へ向かう孵化したてのオサガメ *Dermochelys coriacea*
　　　　フランス領ギアナ、カイエンヌ
　　　　撮影者：Graham Eaton

p.186　海へ移動する孵化したてのアオウミガメ *Chelonia mydas*
　　　　エクアドル、ガラパゴス諸島
　　　　撮影者：Art Wolfe

p.188　海に飛び込むシロカツオドリ *Morus bassanus*
　　　　イギリス、スコットランド、シェトランド州
　　　　撮影者：Markus Varesvuo

p.190–191　浜辺で跳ね上がる泡
　　　　撮影者：Panoramic Images

p.192　海辺の木の幹
　　　　撮影者：Stephanie Cabrera

p.197　夜の海に反射する月の光
　　　　撮影者：Ken Biggs

p.198–199　　　ヴァトナヨークトル国立公園の端にある
　　　　　　　氷河湖ヨークルスアゥルロゥンを照らすオーロラ
　　　　　　　アイスランド、ヴァトナヨークトル氷河
　　　　　　　撮影者：Ragnar Th. Sigurdsson

p.202–203　　　氷山片の上のジェンツーペンギン *Pygoscelis papua*
　　　　　　　南極
　　　　　　　撮影者：Art Wolfe

p.204　　　　　氷山
　　　　　　　ウェッデル海
　　　　　　　撮影者：Art Wolfe

p.208–209　　　ツマグロ *Carcharhinus melanopterus* と魚群
　　　　　　　モルディブ、バア環礁
　　　　　　　撮影者：Frank Krahmer

p.210–211　　　カリフォルニアマイワシ *Sardinops sagax* を食べるマイルカ *Delphinus delphis*
　　　　　　　南アフリカ、イーストロンドン
　　　　　　　撮影者：Chris and Monique Fallows

p.214–215　　　オーストラリア、クイーンズランド州、グレート・バリア・リーフ
　　　　　　　撮影者：Art Wolfe

p.240　　　　　ウロコサッパの仲間 *Harengula thrissina* の魚群が作る球形群（ベイト・ボール）
　　　　　　　メキシコ、バハ・カリフォルニア半島、コルテス海
　　　　　　　撮影者：Franco Banfi

参考文献

フィクション

Coleridge, Samuel Taylor. *The Rime of the Ancient Mariner*. In *Lyrical Ballads* by Coleridge and William Wordsworth. London, J. & A. Arch, 1798.
Conrad, James. *Lord Jim: A Sketch. Blackwood's Edinburgh Magazine*, London, October 1899–1900.
Hemingway, Ernest. *The Old Man and the Sea* (老人と海). New York, Scribner's, 1952.
Melville, Herman. *Moby-Dick or, The Whale* (白鯨). New York, Harper, 1851.

ノンフィクション

Auden, W. H. *The Enchafèd Flood: Or The Romantic Iconography of the Sea*. New York, Random House, 1950.
Carson, Rachel. *The Sea Around Us*. New York, Oxford University Press, 1951.
Daley, Ben. *The Great Barrier Reef: An Environmental History*. London, Routledge, 2014.
Hamilton-Paterson, James. *Seven-tenths: The Sea and its Thresholds*. London, Faber & Faber, 2007.
Kunzig, Robert. *Mapping the Deep: The Extraordinary Story of Ocean Science*. London, Sort of Books, 2000.
Kurlansky, Mark. *Cod: A Biography of the Fish That Changed the World*. New York, Walker, 1997.
Lucas, Joseph, and Pamela Critch. *Life in the Oceans*. London, Thames & Hudson, 1974.
Monbiot, George. *Feral: Searching For Enchantment on the Frontiers of Rewilding*. London, Allen Lane, 2013.
Raban, Jonathan. *Passage to Juneau: A Sea and Its Meaning*. London, Picador, 1999.
Roberts, Callum. *The Unnatural History of the Sea: The Past and Future of Humanity and Fishing*. London, Gaia Books, 2007.
Winchester, Simon. *Atlantic: A Vast Ocean of a Million Stories*. London, HarperCollins, 2010.

オンライン

HMS Challenger Report. Access to parts of the twelve-volume report and information around the pioneering research trip can be found at the Natural History Museum site: http://www.nhm.ac.uk/nature-online/science-of-natural-history/expeditionscollecting/hms-challenger-expedition/index.html
MarineBio Conservation Society: http://marinebio.orgmarinebio.org
National Oceanic and Atmospheric Administration: http://www.noaa.gov
Oceans at MIT: http://oceans.mit.edu
Scripps Institution of Oceanography: https://scripps.ucsd.eduscripps.ucsd.edu
Smithsonian National Museum of Natural History Ocean Portal: ocean.si.edu
Thomson, C. Wyville. *The Depths of the Sea: An Account of the General Results of the Dredging Cruises of HMS "Porcupine" and "Lightning" During the Summers of 1868, 1879, and 1870 Under the Scientific Directions of Dr. Carpenter, F.R.S., J. Gwyn. Jeffreys, F.R.S., and Dr. Wyville Thomson, F.R.S*. London, Macmillan, 1873. http://docs.lib.noaa.gov/rescue/oceanheritage/Gc75t481873.pdfhttp://docs.lib.noaa.gov/rescue/oceanheritage/Gc75t481873.pdf

テーマI　起源

Ghose, Tia. "Oldest Animal-built Reef Discovered in Namibia." *LiveScience* (June 2014). http://www.livescience.com/46556-oldest-animal-reef-discovered.html
Gorder, Pam Frost. "Researchers Find Origin of 'Breathable' Atmosphere Half A Billion Years Ago.' *Ohio State University Research News* (October 2007). http://researchnews.osu.edu/archive/oxypulse.htm

Heim, Noel A., Matthew L. Knope, Ellen K. Schaal, Steve C. Wang, and Jonathan L. Payne. "Cope's Rule in the Evolution of Marine Animals." Science, February 20, 2015. http://www.sciencemag.org/content/347/6224/867

Mulkidjanian, Armen Y., Andrew Yu Bychkov, Daria V. Dibrova, Michael Y. Galperin, and Eugene V. Koonin. "Origin of First Cells at Terrestrial, Anoxic Geothermal Fields." *PNAS*, vol. 109, no. 14 (April 3, 2012). http://www.pnas.org/content/109/14/E821.full

Smith, Paul M. and David A. T. Harper. "Causes of the Cambrian Explosion," *Science*, vol. 341, no. 6152 (September 20, 2013). http://www.sciencemag.org/content/341/6152/1355.short

テーマⅡ　関係　Lindsey, Rebecca and Michon Scott. "What are Phytoplankton?" Earth Observatory (July 13, 2010). http://earthobservatory.nasa.gov/Features/Phytoplankton/

Rincon, Paul. "Oldest Evidence of Photosynthesis." BBC News (December 17, 2003). http://news.bbc.co.uk/1/hi/sci/tech/3321819.stm

Thomas, Gregory. "Surfonomics Quantifies the Worth of Waves." *Washington Post* (August 24, 2012). http://www.washingtonpost.com/surfonomics-quantifies-theworth-of-waves/2012/08/23/86e335ca-ea2c-11e1-a80b-9f898562d010_story.html

テーマⅢ　野生　Coelho, Sara. "Sponge Competition May Damage Corals." Planet Earth Online (May 3, 2011). http://planetearth.nerc.ac.uk/news/story.aspx?id=972

de Goeij, Jasper M., Dick van Oevelen, Mark J. A. Vermeij, Ronald Osinga, Jack J. Middelburg, Anton F. P. M. de Goeij, and Wim Admiraal. "Surviving in a Marine Desert: The Sponge Loop Retains Resources Within Coral Reefs." *Science* 342, no. 6154 (October 4, 2013). http://www.sciencemag.org/content/342/6154/108

テーマⅣ　深海　海洋生物のセンサス http://www.coml.org/about-census

Edmond, John M. and Karen Von Damm. "Hot Springs on the Ocean Floor." *Scientific American* 248, no. 4 (April 1983).

Morelle, Rebecca. "'Supergiant' Crustacean Found in Deepest Ocean." BBC News (February 2, 2012). http://www.bbc.co.uk/news/science-environment-16834913

村上春樹. *The Wind-Up Bird Chronicles* (ねじまき鳥クロニクル). Translated by Jay Rubin. New York, Vintage, 1998.

Piccard, J. and R. S. Dietz. Seven Miles Down: *The Story of the Bathyscaph Trieste*. New York, Putnam, 1961.

"Oceanlab Film Deepest Fish and 'Super-giants' in the Mariana Trench." Oceanlab, University of Aberdeen. http://www.abdn.ac.uk/oceanlab/research/marianatrench.php

Oceanlab's series of films showing life in the Mariana Trench on Youtube: https://www.youtube.com/watch?v=6N4xmNGeCVU

Rehbock, Philip F., ed. At Sea With the Scientifics: *The Challenger Letters of Joseph Matkin*. Honolulu, Hawaii, University of Hawaii Press, 1992.

テーマⅤ　利用　Black, Richard. "'Only 50 Years Left' for Sea Fish." BBC News (November 2, 2006). http://news.bbc.co.uk/1/hi/sci/tech/6108414.stm

Carter, Robert. "Boat Remains and Maritime Trade in the Persian Gulf During the Sixth and Fifth Millennia BC." *Antiquity* 80, no. 307 (March 2006).

Morwood, M. J., R. P. Soejono, R. G. Roberts, T. Sutikna, C. S. N. Turney, K. E. Westaway, et al. "Archaeology and Age of a New Hominid from Flores in Eastern Indonesia." *Nature* 431 (August 18, 2004).

United Nations Division for Ocean Affairs and the Law of the Sea. *Oceans*: The Source of Life. United Nations Convention on the Law of the Sea, Twentieth Anniversary, 1982–2002. http://www.un.org/depts/los/convention_agreements/convention_20years/oceanssourceoflife.pdf

"Wartime Population Faced 'Eating Plankton to Avert Food Shortages'." *Telegraph* (February 23, 2012). http://www.telegraph.co.uk/history/world-wartwo/9099881/Wartime-population-faced-eating-planktonto-avert-food-shortages.html

テーマⅥ　美女と野獣　Hemingway, Ernest. *The Old Man and the Sea* (老人と海). New York, Scribner's, 1952.

Homer. *The Iliad of Homer* (イーリアス). Translated by Ennis Rees, Oxford, Oxford University Press, 1991.

Homer. *The Odyssey* (オデュッセイア). Translated by Allen Mandelbaum, New York, Bantam, 1990.

Melville, Herman. *Moby-Dick or, The Whale* (白鯨). New York, Harper, 1851.

テーマⅦ　水平線の向こう　Shakespeare, William. *The Tempest* (テンペスト). Editor Peter Holland. New York, Penguin, 1999.

http://www.seasteading.org

＊オンライン情報は更新または削除されている場合があります。

写真クレジット　　Nature Picture Library: p. 26−27, 29, 32, 34, 36−37, 44, 48, 60−61, 62−63, 64−65, 66−67, 88−89, 90, 101, 104−105, 108−109, 110, 111, 112−113, 114（すべて）, 116−117, 131, 135, 138, 141, 142, 143, 146−147, 152−153, 154, 166−167, 169, 184−185, 188, 210−211, 240

Art Wolfe: p. 30−31, 40−41, 47, 132−133, 182−183, 186, 202−203, 204, 214−215

The use of Rapid Response imagery from the Land, Atmosphere Near Real-time Capability for EOS (LANCE) system operated by the NASA/GSFC/Earth Science Data and Information System (ESDIS) with funding provided by NASA/HQ: p. 57

Getty Images: 上記以外の写真

引用句クレジット　　p. 20 used with permission of Dave Barry; p. 45 from Travels With Charley by John Steinbeck, copyright © 1961, 1962 by The Curtis Publishing Co., © 1962 by John Steinbeck, renewed © 1990 by Elaine Steinbeck, Thom Steinbeck, and John Steinbeck IV, used by permission of Viking Penguin, a division of Penguin Books USA, Inc; p. 57 from the poem "B", used with permission of Sarah Kay; p. 98−99 from Life in the Sea: As it Is, How it Came to Be, How it Could Become: The Magic of Diversity, its Origins, and Implications by Werner Grüter, used with permission of Verlag Dr. Friedrich Pfeil; p. 103 from "North Sea Off Carnoustie," in Enough of Green, by Anne Stevenson, published by Oxford University Press, 1977, used with permission of Bloodaxe Books; p. 107 from "Green Scene: Reduce Your Carbon Footprint in the Sand" by Sheherazade Goldmith, used with permission of You Magazine; p. 115 from "The Sea, the Sea—All You Can See is Surface" by Alice Oswald, used with permission of New Statesman; p. 119 used with permission of Dr. Sylvia Earle; p. 145 used with permission of Dr. Paul Snelgrove; p. 156−157 from the Wind-Up Bird Chronicle © 1997 by Haruki Murakami, used by permission, all rights reserved; p. 168 from Inkheart, text © Cornelia Funke 2005, reproduced with permission of Chicken House Ltd, all rights reserved; p. 189 from The Sacred Balance: Rediscovering Our Place in Nature, Updated and Expanded by David Suzuki, published in 2007 by Greystone Books Ltd, reprinted with permission from the publisher; p. 193 from Lost Woods: The Discovered Writing of Rachel Carson, copyright ©1998 by Roger Allen Christie, reprinted by permission of Frances Collin, Trustee; p. 222 from the unpublished Rachel Carson material, copyright © 2015 by Roger Allen Christie, reprinted by permission of Frances Collin, Trustee.

【著者】ルイス・ブラックウェル　Lewis Blackwell
作家、編集者、クリエイティブ・ディレクター。数多くの講演や展示、著作を手がける。『クリエイティブ・レビュー』誌の編集長を務めた後、世界最大のフォトエージェンシーであるゲッティイメージズで長年クリエイティブ部門を率いていた。環境保護に関する活動にも取り組んでいる。著書に『Rainforest』『The Life & Love of Trees』『The Life & Love of Cats』『The Life & Love of Dogs』がある。

【訳者】千葉啓恵（ちば・ひろえ）
翻訳者。東北大学大学院農学研究科修士課程修了。化学会社研究所勤務を経て、現在は自然科学分野の翻訳業に従事している。主な訳書に『グローバル・フィーバー——地球温暖化の症状と対応策』（一灯舎）、『天災と人災——惨事を防ぐ効果的な予防策の経済学』（一灯舎）、『あなたの仕事も人生も一瞬で変える 評判の科学』（中経出版）、『アニマリウムへようこそ、動物の博物館へ』（翻訳協力, 汐文社）など。

【翻訳協力】
西尾香苗（にしお・かなえ）
株式会社トランネット　http://www.trannet.co.jp/

The Life & Love of The Sea by Lewis Blackwell
First edition published in 2015 by Abrams
Concept and design copyright © 2015 PQ Blackwell Limited
Text copyright © 2015 Lewis Blackwell

Japanese translation rights arranged with Bloomsbury Publishing Plc, London
through Tuttle-Mori Agency, Inc., Tokyo

海のミュージアム——地球最大の生態系を探る
2017年1月20日　第1版第1刷発行

著　者　ルイス・ブラックウェル
訳　者　千葉啓恵
発行者　矢部敬一
発行所　株式会社　創元社
　　　　http://www.sogensha.co.jp/
［本　社］〒541-0047　大阪市中央区淡路町4-3-6
　　　　　Tel.06-6231-9010　Fax.06-6233-3111
［東京支店］〒162-0825　東京都新宿区神楽坂4-3　煉瓦塔ビル
　　　　　Tel.03-3269-1051

装丁・組版　上田英司（シルシ）

© TranNet KK, Printed in Japan
ISBN978-4-422-43021-8 C0045

本書を無断で複写・複製することを禁じます。落丁・乱丁のときはお取り替えいたします。

〈(社)出版者著作権管理機構　委託出版物〉
本書の無断複写は著作権法上での例外を除き禁じられています。複写される場合は、そのつど事前に、
(社)出版者著作権管理機構（電話 03-3513-6969、FAX 03-3513-6979、e-mail: info@jcopy.or.jp）の許諾を得てください。

JCOPY